FORSCHUNGSBERICHTE
DES WIRTSCHAFTS- UND VERKEHRSMINISTERIUMS
NORDRHEIN-WESTFALEN

Herausgegeben von Staatssekretär Prof. Leo Brandt

Nr. 147

Dr.-Ing. W. Rudisch

Untersuchung einer
drehelastischen Elektromagnet-Synchronkupplung

aus der Versuchsabteilung
der Maschinenfabrik Stromag GmbH., Unna/Westfalen

Als Manuskript gedruckt

SPRINGER FACHMEDIEN WIESBADEN GMBH

ISBN 978-3-663-03289-2   ISBN 978-3-663-04478-9 (eBook)
DOI 10.1007/978-3-663-04478-9

Forschungsberichte des Wirtschafts- und Verkehrsministeriums Nordrhein-Westfalen

Gliederung

I.	Vorwort	S. 5
II.	Aufgabenstellung	S. 5
III.	Theoretische Untersuchung	S. 5
	1. Aufbau und Wirkungsweise der Kupplung	S. 5
	2. Grundlagen zur Berechnung des statischen Drehmomentes	S. 8
	3. Umfangskraft in Abhängigkeit der Verdrehung	S. 12
	4. Konstruktion der Magnetisierungskurve	S. 14
	5. Methode zur Bestimmung des Leitwertes der Luftwege mittels Feldbild	S. 16
	6. Statisches Drehmoment in Abhängigkeit der Zähnezahl und der erregenden Durchflutung	S. 26
	7. Drehsteifigkeit und Dämpfung der Kupplung	S. 28
	8. Untersuchung der auftretenden Verluste	S. 32
	9. Modellgesetz	S. 35
	1o. Dynamisches Drehmoment	S. 36
IV.	Berechnungsbeispiel	S. 37
V.	Anwendung der Kupplung	S. 43
VI.	Vergleich mit Kupplungen anderer Bauart	S. 45
VII.	Versuchsbericht	S. 46
	1. Aufnahme des statischen Drehmomentes in Abhängigkeit des Verdrehungswinkels, der Stromstärke, des Luftspaltes und der Zähnezahl	S. 48
	2. Aufnahme des dynamischen Drehmomentes in Abhängigkeit der Realtivdrehzahl, der Stromstärke und des Luftspaltes	S. 49
	3. Oszillographische Aufnahme des Kupplungsstromes in Abhängigkeit der Zeit	S. 49
VIII.	Zusammenfassung und Abbildungen 37 - 65	S. 51
IX.	Verzeichnis der Bezeichnungen	S. 68
X.	Literaturverzeichnis	S. 69

Forschungsberichte des Wirtschafts- und Verkehrsministeriums Nordrhein-Westfalen

I. Vorwort

Die Ausführung der Versuche, über die in dieser Arbeit berichtet wird, sowie die Herstellung der Versuchskupplungen ermöglichte mir die Firma Maschinenfabrik Stromag G.m.b.H., Unna in Westf. Außerdem stellte mir die Maschinenfabrik Stromag ihre vorzüglich eingerichtete Versuchsabteilung zur Verfügung und unterstützte mich bei meiner Arbeit in jeder Hinsicht, wofür ich ihr herzlich danke.

II. Aufgabenstellung

Die vorliegende Arbeit befaßt sich mit einer Kupplung, deren Prinzip schon bekannt ist, die aber bis heute noch keinen Eingang in die Technik gefunden hat.

Es werden daher neben der vollständigen theoretischen Behandlung die Ergebnisse der durchgeführten Versuche mitgeteilt. Auch soll die Verwendbarkeit der Kupplung in den verschiedenen Antriebsfällen besprochen, sowie ein Vergleich mit bewährten Elektromagnetkupplungen durchgeführt werden. Die Arbeit wird so abgefaßt, daß es dem im Beruf stehenden Techniker möglich ist, ohne Zuhilfenahme fremder Quellen eine Kupplung rechnerisch und konstruktiv festzulegen und für einen bestimmten Antriebsfall auszuwählen.

III. Theoretische Untersuchung

1. Aufbau und Wirkungsweise der Kupplung

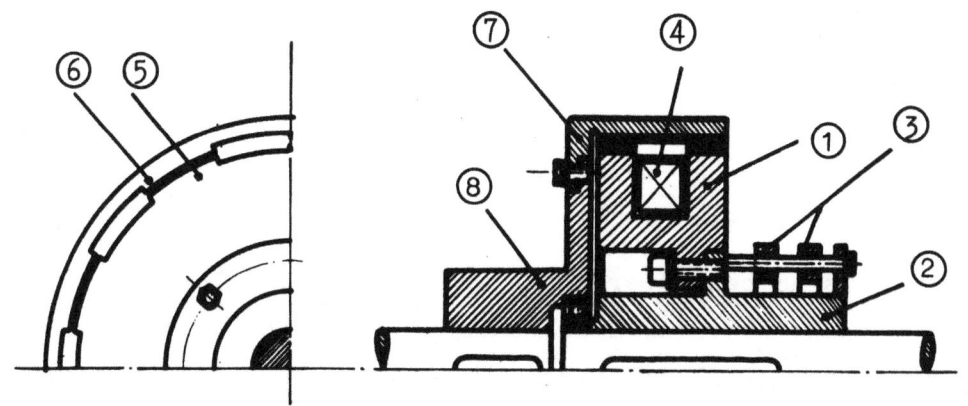

A b b i l d u n g 1

Der Spulenkörper (1) ist mit der inneren Kupplungsnabe (2) fest verbunden. Diese ist auf das eine Wellenende aufgekeilt und gegen axiale Verschiebung gesichert. Am Außenumfang der inneren Kupplungsnabe sind die Schleifringe (3) befestigt. Die auf dem Spulenkörper (1) gewickelte und eingebackene Magnetspule (4) ist durch ihre Spulenenden mit je einem Schleifring verbunden. Der Spulenkörper trägt eine Verzahnung (5). Die gleiche Verzahnung (6) weist auch der Ankerring (7) auf. Dieser ist auf die Ankerringnabe (8) aufgezogen und mit Stiftschrauben befestigt. Die Ankerringnabe (8) ist analog der inneren Kupplungsnabe mit der entsprechenden Welle verkeilt und gesichert.

Spulenkörper und Ankerring bestehen aus magnetischem Werkstoff sehr hoher Permeabilität. Der Außenrand des Spulenkörpers und der Innenrand des Ankerringes sind mit Einschnitten versehen, so daß als Pole wirkende Zähne entstehen. Diese Einschnitte können parallel, unter einem bestimmten Winkel zur Achse, oder auch schraubenförmig angeordnet sein. Spulenkörper und Ankerring haben gleiche Zähnezahl. Die Ankerringnabe ist zur Vermeidung von Streuverlusten aus unmagnetischem Werkstoff hergestellt.

Der Konstruktionsgedanke der Kupplung ist der, daß der Magnetkreis immer die Stellung einnehmen will, in der sein Leitwert den Höchstwert erreicht. Wenn die Spule von Gleichstrom durchflossen wird, durchsetzt der von ihr erregte magnetische Fluß den Innenkörper, den Ankerring und schließt sich durch die Luftspalte zwischen den Polansätzen. Diese haben aber immer das Bestreben, sich so gegeneinander zu verschieben, daß sich die Pole genau gegenüberstehen. Die Kupplung wird also ein Drehmoment übertragen.

Der Einfluß beider Verzahnungen ist deutlich zu erkennen, wenn man lediglich die Wirkung eines einzigen elektromagnetischen Poles auf die benachbarten Anziehungszentren des Ankerringes betrachtet. Würde man auch die weiter entfernten Anziehungszentren einbeziehen, so änderte sich die resultierende Kraft nicht wesentlich, da die wirkenden Anziehungskräfte der weiter entfernt liegenden Pole außerordentlich gering sind.

In Abbildung 2 sind beide Verzahnungen abgewickelt dargestellt. 1 bis 3 sind die Anziehungszentren, M der entsprechende Magnetpol, x der Betrag der jeweiligen Verschiebung zwischen Ankerring und Spulenkörper. Die Entfernung 1 bis 2 sei der Polabstand p. Von M aus werden Kräfte auf die einzelnen Zähne ausgeübt, die addiert eine Resultierende ergeben, deren

Forschungsberichte des Wirtschafts- und Verkehrsministeriums Nordrhein-Westfalen

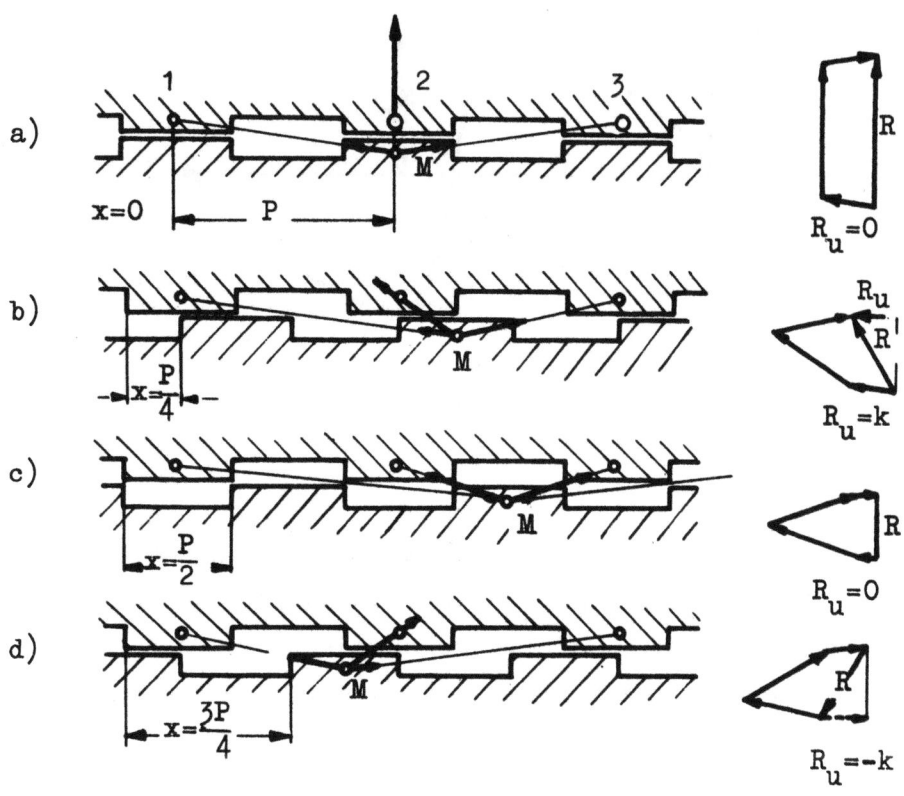

Abbildung 2

Umfangskomponente mit dem Halbmesser des Magnetpoles multipliziert das Drehmoment eines einzigen Magnetpoles ergibt.

In Abbildung 2 ist für $x = 0$ auch die Umfangskomponente $R_u = 0$, obwohl die resultierende Zugkraft R ihren Höchstwert erreicht. Die magnetische Kraft befindet sich im stabilen Gleichgewicht.

Für $x = \frac{p}{4}$ und $\frac{3p}{4}$ hat R_u einen bestimmten Wert, jedoch einmal positiv und einmal negativ. Im labilen Gleichgewicht befindet sich die magnetische Kraft für $x = \frac{p}{2}$, R_u hat wieder den Wert 0.

Das mittlere statische Drehmoment bei Verschiebung um einen Betrag x ergibt sich aus der Gleichung

$$M_{stm} = \frac{1}{x} \int_0^x M_{st}(x)\, dx$$

Für $x = \frac{p}{2}$ oder ein ungeradzahliges Vielfaches davon $x = \frac{p}{2} \cdot (2n + 1)$ ($n = 1, 2, 3 \ldots$) hat das mittlere Drehmoment seinen Höchstwert. M_{stm} (mittleres Drehmoment) wird 0 für $x = p \cdot n$ ($n = 1, 2, 3 \ldots$).

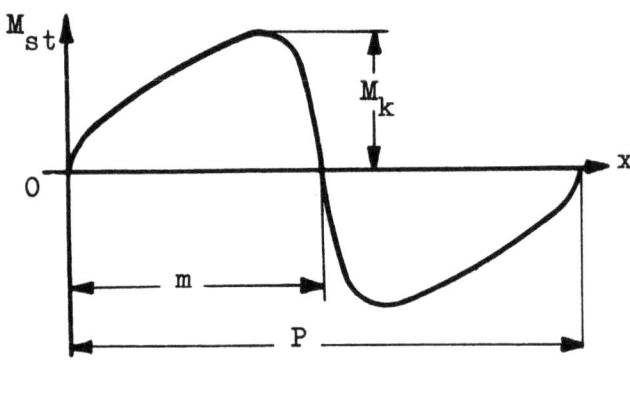

Abbildung 3

Abbildung 3 veranschaulicht das Drehmoment in Abhängigkeit des Verdrehungsweges x. Genau gesehen gilt dieses Schaubild nur bei unendlich langsamer Verdrehung des Spulenkörpers gegen den Ankerring. Andernfalls werden durch die Änderung des magnetischen Flusses Wirbelströme im Ankerring erzeugt, die ein zusätzliches Drehmoment hervorrufen.

2. Grundlagen zur Berechnung des statischen Drehmomentes

Eine andere Erklärung für das Vorhandensein des statischen Drehmomentes, der auch die praktische Berechnung der Kupplung zugrunde gelegt werden soll, ist folgende: An der Wicklung der Magnetspule, die einen Widerstand von R Ohm aufweist, sei eine Gleichstromquelle mit der Spannung u angeschlossen. Das Induktionsgesetz für den Stromkreis ergibt dann

(1) $$u = iR + \frac{d\psi}{dt}$$

(2) wobei $$\psi = \phi \cdot z = \frac{iz^2}{R_m}$$

ist. Multipliziert man Gleichung (1) mit idt, so ergibt sich

(3) $$u\,i\,dt - i^2 R\,dt = i\,d\psi.$$

Hierin bedeutet u idt die in der Zeit dt von der Stromquelle gelieferte, $i^2 R\,dt$ die während der gleichen Zeit in Wärme umgesetzte elektrische Energie. $i\,d\psi$ muß somit von dem magnetischen System aufgenommen worden sein. Die Gesamtenergie des Systems hat daher bei einer Stromstärke I den Wert

(4) $$W = \int_0^I i\,d\psi.$$

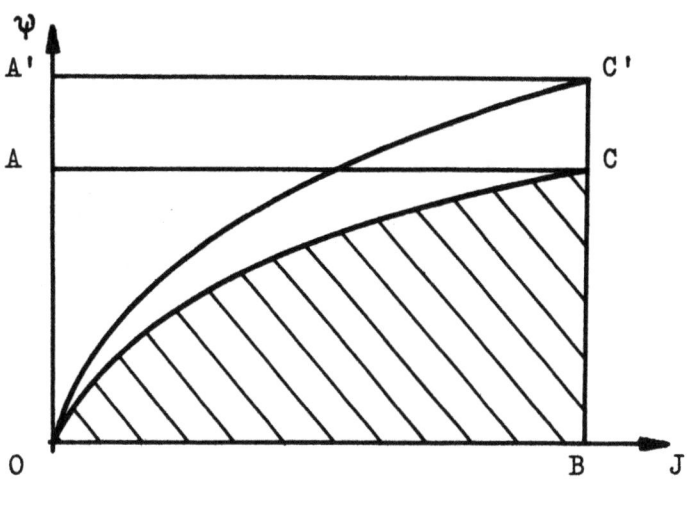

Abbildung 4

Wird der Ankerring festgehalten, so stellt $i\,d\psi$ die Zunahme der magnetischen Energie um dW_m dar. Bewegt sich jedoch der Ankerring, so leistet er eine Arbeit und es wird demnach die Änderung der magnetischen Energie um den Betrag der geleisteten mechanischen Arbeit dA_m kleiner sein.

Man erhält daher für die Änderung der magnetischen Energie bei gleichzeitiger Drehung des Ankerringes

$$(5) \qquad dW_m = i\,d\psi - dA_m$$

d.h. die Änderung der magnetischen Energie dW_m ist gleich der gesamten, dem System aufgedrückten Energie $id\psi$, vermindert um die mechanische Arbeit dA_m. Dabei ist zu beachten, daß $id\psi$ nicht etwa gleich der von der Stromquelle gelieferten Energie ist. Vielmehr muß gemäß Gleichung (3) die Stromarbeit $i^2 R\,dt$ abgezogen werden.

Stellt in Abbildung 4 die Kurve OC den Zusammenhang zwischen Gesamtfluß und dem Strom für eine bestimmte Stellung des Ankerringes dar, so ist die magnetische Energie $W_m = \int i\,d\psi$ durch die Fläche OAC gegeben.

W_m ist daher gleich der Differenz der Rechteckfläche $I\psi$ und der schraffierten Dreieckfläche OBC

$$W_m = I\psi - \text{Fläche OBC}.$$

Verdreht man nun den Ankerring um den Betrag Δx in Richtung abnehmenden magnetischen Widerstandes, so wird eine mechanische Arbeit aufgebracht

$$(6) \qquad A_m = R_u \cdot \Delta x$$

Gleichzeitig wird ψ gemäß Kurve OC' größer, da der magnetische Widerstand kleiner wird. Dabei wächst die dem System innewohnende magnetische Energie auf den Betrag

$$W_m + \Delta W_m = I\psi + I\Delta\psi - \text{Fläche OBC'},$$

vorausgesetzt, daß der Strom I konstant gehalten wurde. Der Energiezuwachs errechnet sich zu

$$\Delta W_m = I\Delta\psi - \text{Fläche OCC'}.$$

Durch die sich mit der Verdrehung ergebende Änderung des magnetischen Zustandes des Magnetsystems wird eine EMK der Selbstinduktion beim Strom I entstehen. Diese muß von der äußeren Stromquelle überwunden werden, wobei eine Arbeit geleistet wird, deren Betrag sich aus dem Induktionsgesetz ergibt.

(7) $$A_e = I\Delta\psi$$

Nun gilt

(8) $$A_m = A_e - \Delta W_m$$

und

(9) $$A_m = I\Delta\psi - \Delta W_m;$$

d.h. die mechanische Arbeit ergibt sich aus der von der Stromquelle gelieferten Energie A_e, vermindert um den Betrag der Änderung der magnetischen Energie.

Durch Einsetzen folgt

$$\underline{A_m = R_u \Delta x = \text{Fläche OCC'}.}$$

Die Fläche OCC' innerhalb der Magnetisierungskurven stellt also ein Maß für die Größe der mechanischen Arbeit dar, die bei der Verdrehung geleistet wurde.

Obiges soll nun auf die Berechnung des statischen Drehmomentes angewendet werden.

Ist OC' die Magnetisierungskurve der Kupplung in der Stellung a nach Abbildung 2 und OC die Magnetisierungskurve des Systems in der neuen Lage x, so wird die Arbeit der magnetischen Kräfte beim Übergang der Kupplung aus der Lage a in die Lage x durch die Fläche OCC' = OC'B - OCB = Ea - Ex gemessen. Eine gleichgroße Arbeit wird längs des Weges x von den Anziehungskräften geleistet.

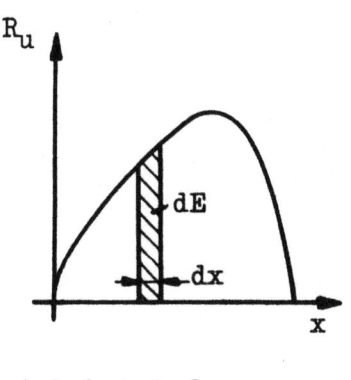

Abbildung 5

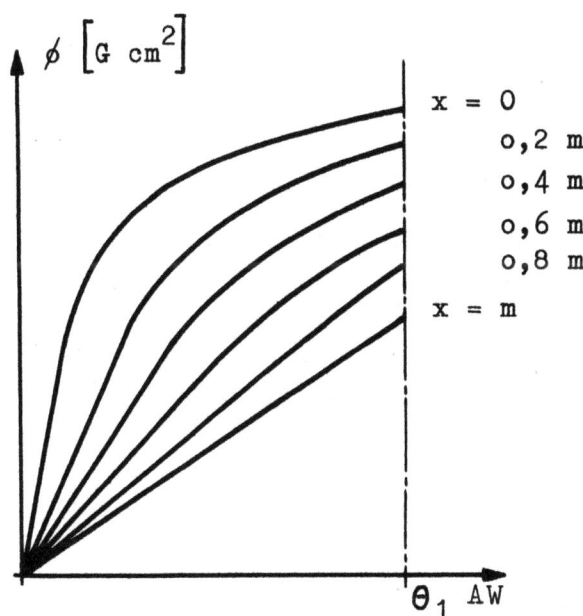

Abbildung 6
Magnetisierungskurven für
verschieden große Verdrehungswege x
bzw. Gesamtleitwerte λ

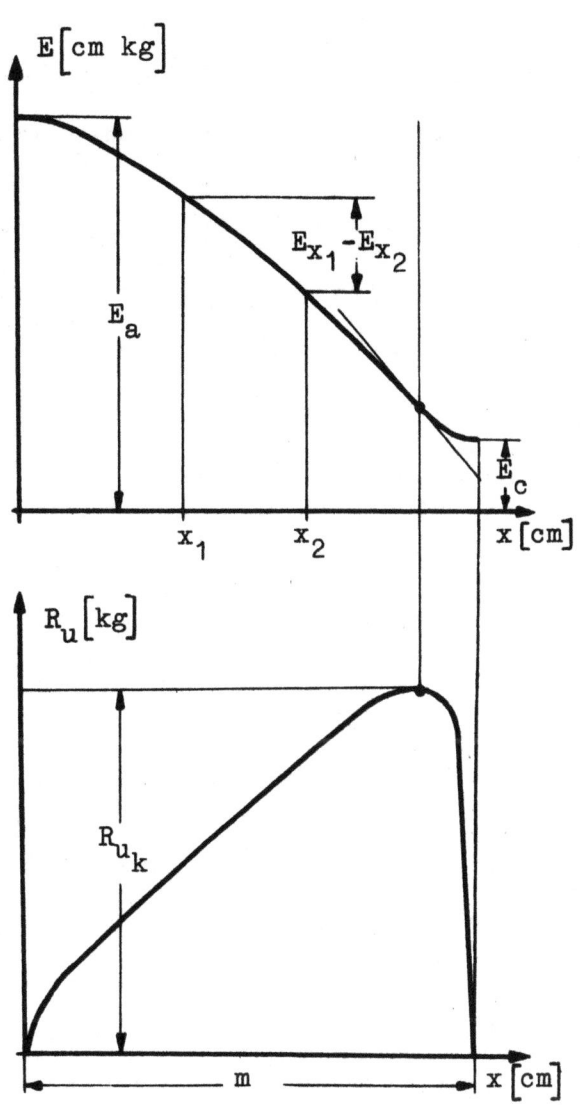

Abbildung 7
Arbeit der magnetischen Kräfte und
Umfangkraft als Funktion des
Verdrehungsweges x

(10) $$E_a - E_x = \int_0^x R_u(x)\, dx$$

Zur Bestimmung des analytischen Zusammenhanges zwischen der Umfangskraft R_u und dem Verdrehungsweg x wird die Gleichung (10) umgeformt

$$dE = R_u\, dx$$

(11) $$R_u = \frac{dE}{dx} = \frac{\Delta E}{\Delta x}$$

Die Umfangkraft ist proportional der Änderung der Arbeit der magnetischen Kräfte nach dem Verdrehungsweg (Abbildung 5).

Man entwickelt für verschieden große Verdrehungswege z.B. (x = 0; x = 0,1 m ... 0,9 m; x = m) die Feldbilder und errechnet nach Gleichung 21 die zugehörigen Gesamtleitwerte der Luftwege.

Nach Abschnitt 4 konstruiert man nun für die einzelnen Werte von λ die entsprechenden Magnetisierungskurven (Abb. 6)

Durch Ausplanimetrieren der von der jeweiligen Magnetisierungskurve, der Ordinate Θ_1 und der Abszisse eingeschlossenen Fläche erhält man bei einer Durchflutung der Größe Θ_1 den Wert "E" als Funktion des Verdrehungsweges x bzw. des Gesamtleitwertes λ (Abb. 7a).

Die Differenz $(E_{x_1} - E_{x_2})$ entspricht dann der Arbeit der magnetischen Kräfte bei der Verdrehung von x_1 nach x_2.

Durch graphische Differenzation von E = E (x) nach x erhält man die Umfangkraft R_u in Abhängigkeit des Verdrehungsweges, wobei die Randbedingung $R_u = 0$ für x = 0 und x = m erfüllt sein muß (Abb. 7b). Das statische Drehmoment lautet dann $M_{st} = R_u \cdot \frac{D}{2}$ wenn D der Durchmesser des Spulenkörpers ist.

Die Bestimmung des statischen Drehmomentes über den Verdrehungsweg ist mit beliebiger Genauigkeit möglich, wenn der magnetische Leitwert für entsprechend viele Werte des Verdrehungsweges bestimmt wird.

3. Umfangkraft in Abhängigkeit der Verdrehung

Allein die Konstruktion von E = E (x) erfordert eine zeitraubende Arbeit, wenn man genügend Punkte bestimmen will.

Man vereinfacht die Rechnung so weit, daß man nur für die Kupplung mit gegenüberstehenden und auf Lücke stehenden Polen (Stellung a und c nach Abb. 2) die zugehörige Energie ermittelt.

Gleichung (1o) lautet dann

$$Ea - Ec = \int_0^{x=m} R_u(x)\, dx$$

wobei $R_u(x)$ als allgemeine analytische Funktion angesetzt wird.

Forschungsberichte des Wirtschafts- und Verkehrsministeriums Nordrhein-Westfalen

Nimmt man die Zahnform der Versuchskupplung herstellungsbedingt als gegeben an, so kann man, wie die Versuche bestätigen, $R_u(x)$ wie folgt ansetzen (Abb. 50, 51, 53):

$$R_u \sim R_{uk} \cdot \sin\left(\frac{\pi}{m}x\right)$$

vorausgesetzt, daß $\frac{\lambda a}{\lambda c} < 2{,}5$

$$Ea - Ec \sim \int_0^{x=m} R_{uk} \cdot \sin\left(\frac{\pi}{m}x\right) dx$$

$$\sim m\, R_{uk}\, \frac{2}{\pi}$$

(12) $$R_{uk} \sim \frac{Ea - Ec}{2\,m}\,\pi$$

Ist D der auf den Luftspalt bezogene Kupplungsdurchmesser und z die Polzahl, so ist

$$m = \frac{\pi D}{2z}$$

und das max. statische Drehmoment (Kippmoment)

(13) $$M_k \sim (Ea - Ec)\,\frac{z}{2}.$$

Allgemein ist dann das Drehmoment der Kupplung

(14) $$M_{st} \sim M_k \sin\left(\frac{\pi}{m}x\right).$$

Für ein Verhältnis $\frac{\lambda a}{\lambda c} > 2{,}5$ und einer mittleren Luftspaltinduktion B_L bis max 12500 G, bezogen auf die Kupplung mit gegenüberstehenden Polen, gilt

(15) $$R_{uk} \sim \frac{Ea - Ec}{0{,}9\,m}$$

da $R_u(x)$ nach Abbildung 8 verläuft (Abb. 45 - 49).

Ist $B_L > 12500$ G, setzt man $R_u(x)$ als allgemeine Parabel an (Abb. 9)

$$R_u = Cx^a$$

wobei a wieder von der Luftspaltinduktion abhängt (Abb. 45 - 49).

Die Konstante C wird aus der Arbeit der magnetischen Kräfte ermittelt

$$E_a - E_c = \int_0^m C\,x^a\,dx = \left.\frac{C x^{a+1}}{a+1}\right|_0^{x=m} = \frac{C m^{a+1}}{a+1}$$

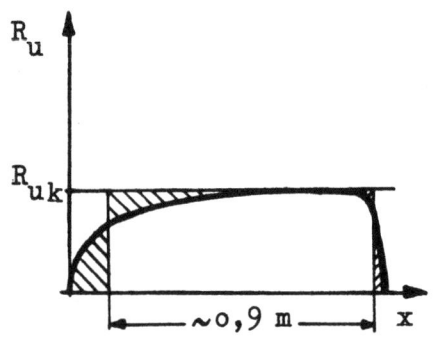

Abbildung 8

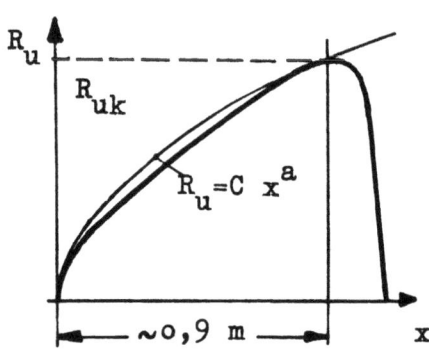

Abbildung 9

B_L [G]	a
12,5 - 15000	0,33
15 - 18000	0,5

$$C = \frac{(Ea - Ec)(a + 1)}{m^{a + 1}}$$

$$R_{uk} \sim \frac{(Ea - Ec)(a + 1)}{m^{a + 1}} \cdot x^a \quad \text{gültig für } x = 0 \text{ bis } 0,9 \text{ m}$$

Die max Umfangskraft wird bei $x \sim 0,9$ m erreicht

(16) $\quad R_{uk} \sim \frac{(Ea - Ec)(a + 1) \cdot 0,9^a}{m}$

4. Konstruktion der Magnetisierungskurve

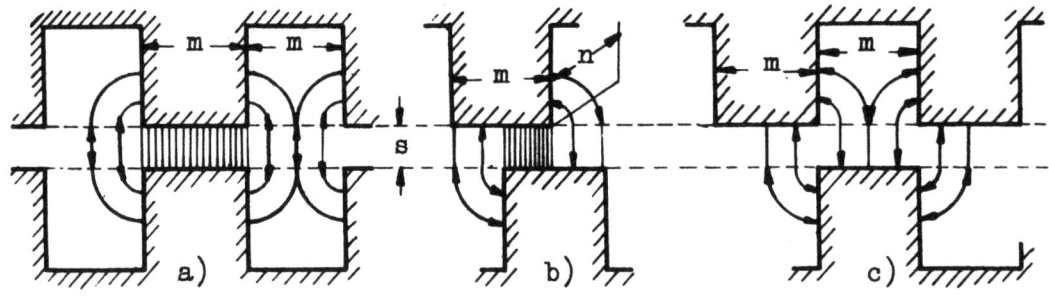

Abbildung 10

Der magnetische Leitwert des Luftspaltes zwischen zwei gegenüberliegenden Zähnen (Polen) nach Abbildung 10 a ist gleich

$$\lambda = \frac{F}{L} \cdot \mu_o = \frac{m \cdot n}{s} \cdot \mu_o.$$

Zur Berechnung des Gesamtleitwertes der Kupplung in der Polstellung (Abb. 1o a) muß allerdings auch der Leitwert der Pollücken berücksichtigt werden, da zwischen diesen Streuflüsse vorhanden sind.

Betrachtet man eine Kraftlinienröhre längs des Zahnumfanges mit der Breite $\frac{m}{2}$, so ist ihre Länge $2m + 2n + \frac{\pi m}{2}$. Die mittlere Kraftlinienlänge beträgt dann $s + \frac{\pi m}{4}$ und der magnetische Leitwert für den Fluß eines Zahnes (Poles) ergibt sich zu

$$\lambda_z = \mu_o \frac{m \cdot n}{s} + \frac{\frac{m}{2}(2m + 2n + \frac{\pi m}{2})}{s + \frac{\pi m}{4}}$$

Der volle Leitwert der Luftwege der Kupplung beträgt für den Zustand nach Abbildung 1o a entsprechend den beiden hintereinandergeschalteten Luftspalten bei der Zähnezahl z

$$(17) \quad \lambda_a = \frac{1}{2} z \cdot \lambda_z = \mu_o \frac{z}{2} \cdot \frac{mn}{s} + \frac{\frac{m}{2}(2m + 2n + \frac{\pi m}{2})}{s + \frac{\pi m}{4}}$$

Analog obigem läßt sich der magnetische Leitwert der Kupplung für den Zustand nach Abbildung 1o c berechnen

$$(18) \quad \lambda_c = \mu_o \frac{z}{2} \frac{m(2n + \frac{\pi m}{2})}{\frac{\pi m}{8} + s}$$

Sind ϕ_a und ϕ_c die vollen magnetischen Flüsse der Kupplung in den Zustandslagen "a" und "c", so wird die erforderliche Amperewindungszahl zur Überwindung der Luftwege der Kupplung gegeben durch

$$(19) \quad \Theta_{La} = \frac{\phi_a}{\lambda_a}$$

$$(20) \quad \Theta_{Lc} = \frac{\phi_c}{\lambda_c}$$

Den Amperewindungsbedarf des Eisens Θ_E erhält man aus der Summe der magnetischen Spannungen V_i der einzelnen Eisenquerschnitte. Für einen symmetrischen Kraftlinienverlauf (Abb. 11) ist

$$\Theta_E = 2 \sum_{i=1}^{n} V_i \quad \text{wobei} \quad V_i = H_i \cdot l_i.$$

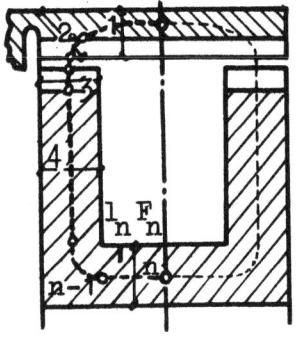

Abbildung 11

Zur Bestimmung der örtlich veränderlichen Feldstärke H_i unterteilt man den Weg einer Kraftlinie in beliebig kleine Weglängen l_1, $l_2 \ldots l_n$ nach Abbildung 11 und ermittelt die zugehörigen Eisenquerschnitte F_1, F_2, F_n. Den Wert der vom Eisenquerschnitt abhängigen Induktion erhält man mit

$$B_i = \frac{\phi}{F_i}$$

und schließlich die magnetische Feldstärke H_i mit der zugehörigen Induktion aus der Magnetisierungskurve des verwendeten Werkstoffes.

Der gesamte Amperewindungsbedarf zur Erzeugung des vollen magnetischen Flusses lautet:

$$\Theta_{ges} = \Theta_E + \Theta_L.$$

Zur Konstruktion der Magnetisierungskurve wählt man nun verschiedene magnetische Flüsse und bestimmt punktweise den zugehörigen Amperewindungsbedarf sowohl für die Stellung nach Abbildung 1o a als auch 1o c und erhält so die Kurven OC und OC'.

5. Methode zur Bestimmung des Leitwertes der Luftwege mittels Feldbild

Die Größe des magnetischen Leitwertes läßt sich in einfacher Weise bestimmen, wenn der Verlauf der magnetischen Kraftlinien, das Feldbild, im Luftraum bekannt ist.

Eine allgemeine Methode zur exakten Bestimmung des Kraftlinienverlaufes gibt es allerdings nicht. Herrscht jedoch in dem betrachteten Luftraum Wirbelfreiheit, das heißt, ist das Feldgebiet stromlos und genügt es der Gleichung rot $\mathfrak{H} = 0$, so besitzt das Feld ein Potential und der Luftraum kann in bekannter Weise in Feld- und Niveaulinien unterteilt werden.

Man nimmt die Unterteilung zweckmäßig so vor, daß alle von den Feldlinien gebildeten vierseitigen Kraftröhren, die je eine Seitenfläche mit der benachbarten Kraftröhre gemeinsam haben, einen gleichgroßen magnetischen Fluß führen. Senkrecht zu diesen Kraftröhren werden die Niveauflächen in solchen Abständen zueinander gelegt, daß jeweils von Niveaufläche zu

Niveaufläche die gleiche Potentialdifferenz vorhanden ist. Daraus ergibt sich, daß der magnetische Leitwert für sämtliche Kraftröhren gleich groß ist.

Ist das Feld in einer beliebigen Richtung des Raumes unveränderlich, so haben sämtliche Kraftröhren in dieser Richtung die gleiche Tiefe, beispielsweise n_1. Man spricht dann von einem "ebenen Feld", das in einer Ebene (Zeichenebene) senkrecht zu dieser Richtung dargestellt werden kann.

Führt man außerdem die Unterteilung so durch, daß die mittlere Länge der Kraftröhren in der Zeichenebene gleich ihrer mittleren Breite im Sinne des ersten Mittelwertsatzes der Mathematik ist, so ist der Leitwert einer derartigen Röhre mit der Tiefe n_1 (senkrecht zur Zeichenebene) gleich

$$\lambda = \mu_o \cdot n_1$$

wenn n_1 [cm] die Tiefe der Röhre in der Ebene senkrecht und $\mu_o = \frac{4\pi}{10} \left[\frac{Gcm}{A}\right]$ die Permeabilität der Luft ist. Derartige Röhren werden Einheitsröhren genannt.

Im vorliegenden Falle ist der zu untersuchende Luftraum in radialer Richtung durch den Spulenkörper und durch den den Spulenkörper umschließenden Ankerring begrenzt. In axialer Richtung, an den Stirnflächen, ist der Luftraum offen.

Denkt man sich nun den Spulenkörper festgehalten und den Ankerring unendlich langsam verdreht, so wird sich der Feldlinienverlauf, ausgehend von der Hauptlage "a", bei genau gegenüberstehenden Zähnen ($x = 0$), über die einzelnen Zwischenlagen ($x = x_o$) zur Hauptlage "c" mit auf Lücke stehenden Zähnen ($x = m$) stetig ändern (Abb.12). Für diese Hauptlagen "a" und "c" und eine beliebige Zwischenlage soll der Feldlinienverlauf entwickelt werden. Die Konstruktion des Feldbildes für jede weitere Zwischenlage kann dann auf die gleiche Weise durchgeführt werden. Bevor jedoch damit begonnen werden soll, müssen einige Voraussetzungen getroffen werden:

a) Das räumliche magnetische Feld sei in axialer Richtung unveränderlich. Es sei ein "ebenes Feld". Der Einfluß der Stirnflächen wird also vorläufig noch vernachlässigt, so daß der Feld- und Niveaulinienverlauf im Längsschnitt der Kupplung noch nicht untersucht zu werden braucht. Das Feldbild in diesem Schnitt und besonders an den Stirnflächen soll nachträglich gezeichnet und bei Bestimmung des Gesamtleitwertes des Luftraumes berücksichtigt werden.

b) Die Krümmung des Spulenkörper- bzw. Ankerringumfanges soll vernachlässigt werden. Dieses ist ohne weiteres zulässig, da die Krümmung klein ist. Außerdem wird nur ein kleiner Ausschnitt des Umfanges (eine Polteilung) betrachtet.

c) Die Zahnoberflächen des Spulenkörpers und des Ankerringes seien Niveauflächen.
Diese Annahme ist mit um so größerem Recht zulässig, je größer die Permeabilität des Eisens und je kleiner die Induktion in den Zähnen ist. Der Einfluß der Permeabilität bzw. der Verlauf der tatsächlichen Niveauflächen kann nur durch allmähliche Annäherung gefunden werden, da die magnetische Beanspruchung der Zähne vom Feldlinienverlauf abhängt und der Feldlinienverlauf wiederum von der magnetischen Beanspruchung, sich also gegenseitig beeinflussen.

d) Der Strombelag an der Zahnoberfläche sei Null. Das Feld in der Lücke zwischen den Zähnen und im Luftspalt sei also wirbelfrei und genüge der Gleichung rot $\mathfrak{H}$ = 0. Diese Annahme ist aber nur dann zulässig, wenn die Kupplung ein konstantes Drehmoment überträgt. Andernfalls werden durch die Relativbewegung zwischen Ankerring und Spulenkörper und der damit verbundenen Flußpulsation Wirbelströme erzeugt, so daß der Strombelag von Null verschieden ist und die Austrittswinkel der Feldlinien aus dem Eisen in Abhängigkeit des Strombelages berechnet werden müssen.

Die Abbildungen 12 a und 12 c zeigen die Verzahnungen des Spulenkörpers und des Ankerringes in den Hauptlagen "a" und "c", während 12 b eine beliebige Zwischenlage für einen Verdrehungsweg $x = x_o$ zwischen Ankerring und Spulenkörper darstellt.

Da in der Mehrzahl der Anwendungsfälle die Nutentiefe sowohl im Ankerring als auch im Spulenkörper größer ist als die Nutenbreite und der Wert $\frac{m}{s}$ (m = Polbreite; s = Luftspalt) groß ist, sollen speziell die radial unbegrenzten Nuten betrachtet werden.

Aus Abbildung 12 a kann man weiter entnehmen, daß das Feldbild für die Hauptlage "a" ($x = 0$) in Bezug auf die Achsen x x' und y y' symmetrisch sein wird. Es genügt daher, wenn man in diesem Fall das Feldbild nur von

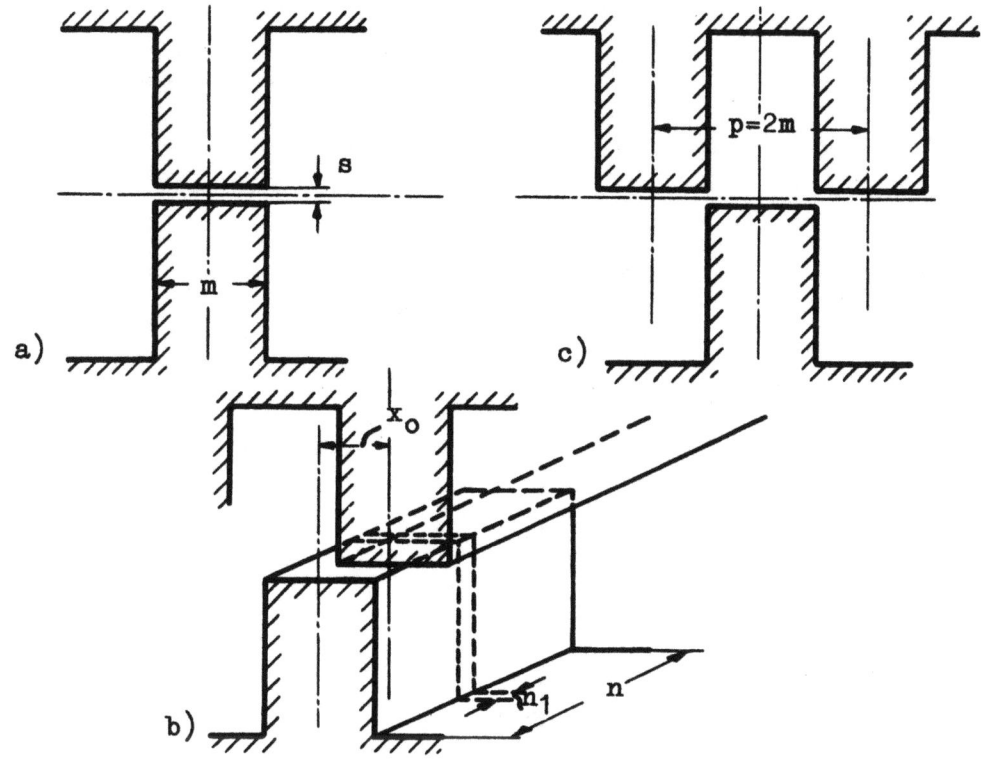

Abbildung 12

Verzahnung des Spulenkörpers und des Ankerringes in den charakteristischen Lagen und einer Zwischenlage

Zahnmitte bis Nutenmitte entwickelt und die Achse x x', die zugleich die mittlere Niveaulinie darstellt, als Begrenzung einer glatten Eisenfläche betrachtet.

In Abbildung 13 ist ABC die Zahnhälfte. x x' ist die mittlere Niveaulinie bzw. die gedachte Eisenfläche. A x und D x' sind Symmetrie- und begrenzende Kraftlinien, auf denen nach obiger Voraussetzung sämtliche Niveaulinien senkrecht stehen müssen. Die Auswertung des Luftraumes (Luftspalt und Zahnlücke) beginnt damit, daß man die Niveaulinie E F zieht und dieselbe dadurch kontrolliert, daß man die Räume zu beiden Seiten der Niveaulinie E F unabhängig voneinander zu quadratischen Röhren ergänzt. Die Kraftlinien der ober- und unterhalb der Niveaulinie liegenden Räume müssen sich, wenn die Räume endgültig ausgewertet sind, auf der Niveaulinie E F treffen und stetig ineinander übergehen. Ist dieses nicht der Fall, so muß die Niveaulinie E F entsprechend dem entstandenen Fehler korrigiert werden.

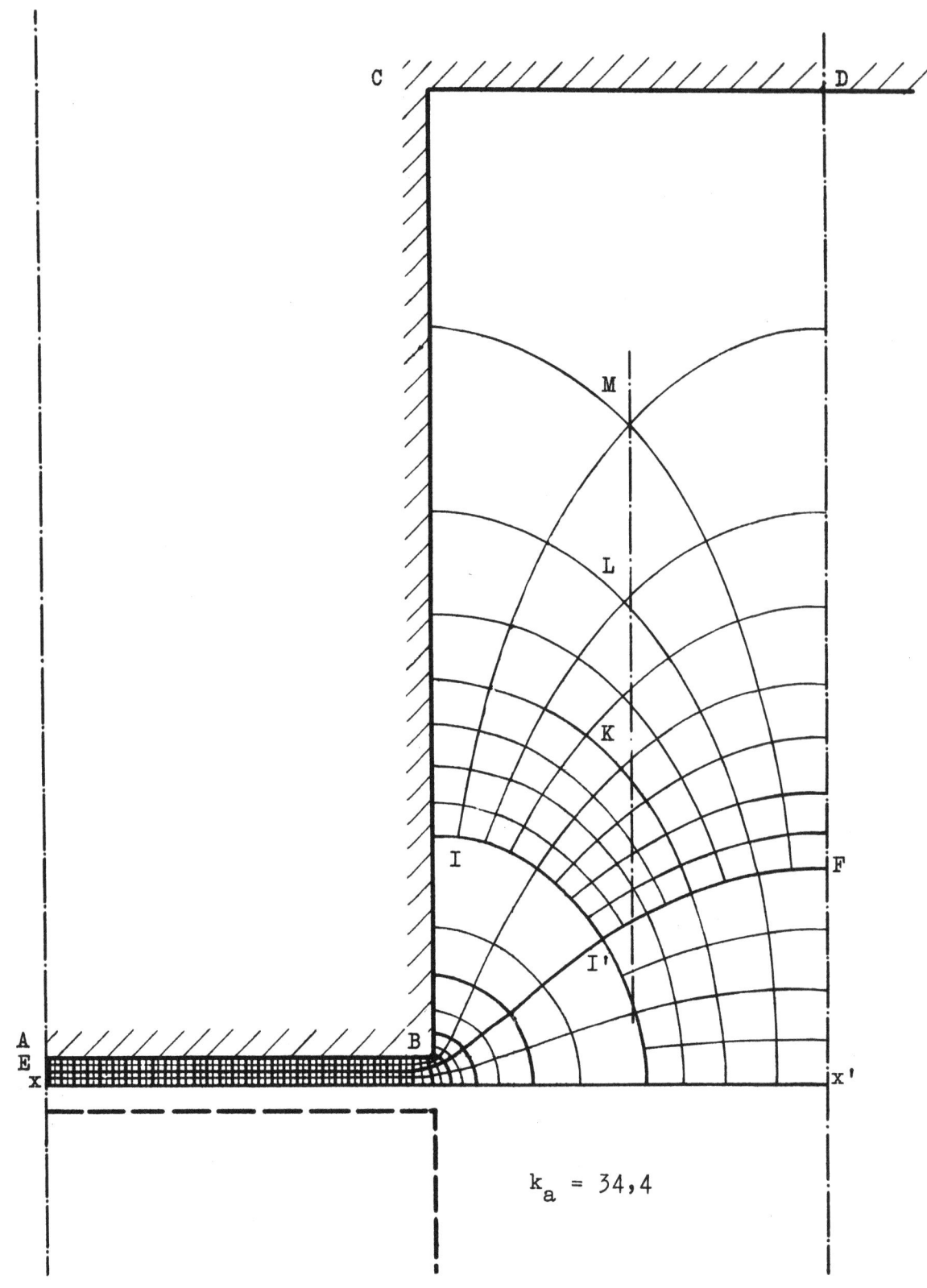

Abbildung 13

Feld- und Niveaulinienverlauf bei gegenüberstehenden Zähnen
von Spulenkörper und Ankerring (Hauptlage "a", $x = 0$)

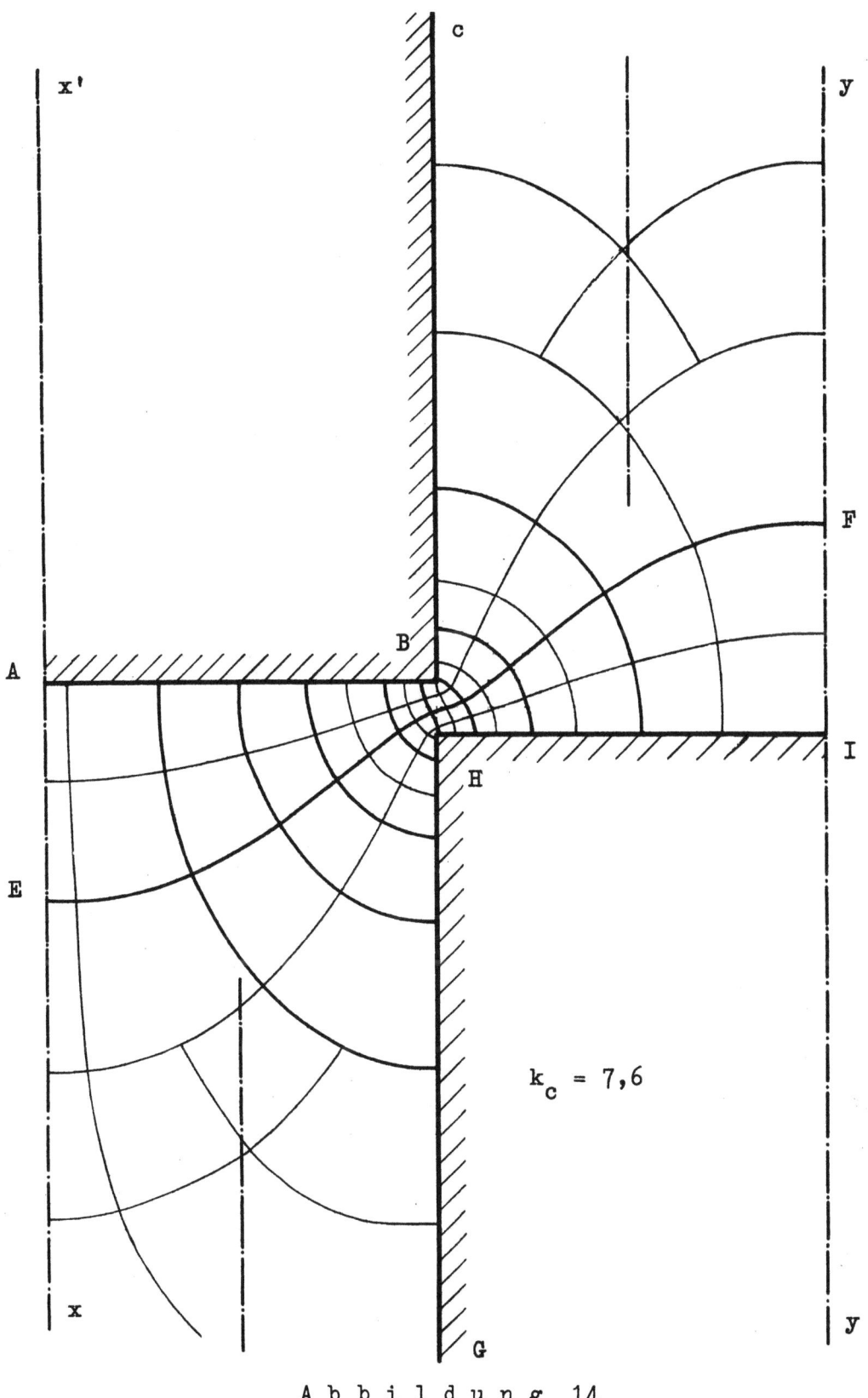

A b b i l d u n g 14

Feld- und Niveaulinienverlauf bei auf Lücke stehenden Zähnen
des Spulenkörpers und Ankerringes (Hauptlage "c", x = m)

Während sich der unterhalb der Niveaulinie E F liegende Raum leicht auswerten läßt, ist die Entwicklung des Feldbildes oberhalb von E F schwieriger. Zweckmäßig wird man so beginnen, daß man zu den Elementen BC-DF-FE das vierte Quadratelement I I' zunächst willkürlich, aber senkrecht zu den angrenzenden Niveaulinien zieht. Anschließend zerlegt man den Nutenraum, ausgehend von I I' F, sowohl in Richtung der Niveaulinien als auch senkrecht dazu. Dabei ist jedoch zu beachten, daß sich die Schnittpunkte I' K L.... jeweils einer Kraftlinie und der dazugehörigen Niveaulinie gleicher Ordnung asymptotisch der strichpunktierten Mittellinie nähern müssen. Entfernen sich die Schnittpunkte oder liegen diese abwechselnd links und rechts der Mittellinie, so muß die Kraftlinie I I' entsprechend dem Fehler neu angenommen werden, bis eine asymptotische Annäherung der Schnittpunkte erreicht wird.

In gleicher Weise geht man für die Hauptlage "c" ($x = m$) vor. Man muß aber im Gegensatz zur Hauptlage "a" den Kraftlinienverlauf sowohl in den Nuten des Ankerringes als auch in den Nuten des Spulenkörpers entwickeln, da die mittlere Niveaulinie, die den Luftraum in zwei Hälften gleicher magnetischer Spannung teilt, keineswegs zugleich Symmetrielinie ist (Abb. 14).

ABC ist wieder der halbe Zahn des Ankerringes, GHI der des Spulenkörpers. x x' und y y' sind die Mittellinien der Zähne und zugleich Kraftlinien. Man nimmt wiederum die mittlere Niveaulinie E F an und unterteilt in gewohnter Weise die beiderseitigen Räume unabhängig voneinander, wobei sich die Schnittpunkte zugehöriger Kraft- und Niveaulinien gleicher Ordnung den Mittellinien der halben Nutenräume (strichpunktiert gezeichnet) asymptotisch nähern müssen.

Abbildung 15 zeigt das Feldbild für eine Zwischenlage ($x = x_o$). Hier muß jedoch das Feldbild von Nutenmitte bis Nutenmitte gezeichnet werden, da sich das Feldbild nur nach jeder Polteilung p wiederholt.

Nach der getroffenen Voraussetzung in Position a wurden die Feldbilder unter Annahme eines "ebenen Feldes" entwickelt. Dieses ist aber nur zulässig, wenn die axiale Länge der Zähne unendlich groß wäre. Tatsächlich ist die Länge aber nur gleich n und der Einfluß der Stirnflächen muß bei Bestimmung des magnetischen Leitwertes der Luftwege der Kupplung berücksichtigt werden.

Forschungsberichte des Wirtschafts- und Verkehrsministeriums Nordrhein-Westfalen

Die Ausbreitung des Feldes an den Stirnflächen zeigt Abbildung 16. Die Stirnflächen der Zähne des Ankerringes und des Spulenkörpers liegen in einer Ebene. Die Krümmung des Ankerringumfanges, die allerdings nur gering ist, wurde vernachlässigt. Ferner gilt die Voraussetzung, daß in Umfangsrichtung auf der Länge einer Zahnbreite m ein "ebenes Feld" vorliegt.

Die mittlere Niveaulinie, die die magnetische Spannung im Luftspalt in gleiche Teile teilt, kann man zweckmäßig als glatte unendlich lange Eisenfläche auffassen und die Aufgabe unter dieser Annahme lösen. Die Lösung dieser Aufgabe ist bekannt.

Abbildung 17 zeigt den Feld- und Niveaulinienverlauf an der spulenseitigen Stirnfläche bei durchgehendem Zahn des Ankerringes. Diese Aufgabe läßt sich auf die vorige Aufgabe in Abbildung 16 zurückführen, wenn man die Fläche des Zahnes als mittlere Niveaulinie auffaßt.

Mit Hilfe des Feldbildes kann man nun in jedem Punkt des durch Feld- und Niveaulinien unterteilten Raumes die Größe und Richtung der magnetischen Feldstärke sofort angeben. Man geht dabei so vor, daß man die magnetische Spannung zwischen zwei Niveaulinien bestimmt und durch die Länge der Feldlinie zwischen den Niveaulinien dividiert. Die magnetische Feldstärke in dem betreffenden Punkt wird mit um so größerer Annäherung erreicht, je feiner der den Punkt umgebende Raum durch Feld- und Niveaulinien unterteilt ist. Die Richtung der Feldstärke ist dabei durch eine durch den Punkt gelegte Feldlinie bestimmt. Aus dem Feldbild kann die Induktionsverteilung sofort entnommen werden, da sich die Größe der Induktion umgekehrt proportional zum gegenseitigen Abstand der Feldlinien verhält.

Hat man das Feldbild für die beiden Hauptlagen "a" und "c" und für einige beliebige Zwischenlagen entwickelt, so geht man an das Auszählen der aus dem Spulenkörper von Nutenmitte bis Nutenmitte austretenden Einheitsröhren k. Die Zahl k ist im allgemeinen eine gebrochene Zahl. Man erhält beispielsweise für die Hauptlage "a" nach Abbildung 13

$$17\frac{1}{6} < \frac{k_a}{2} < 17\frac{1}{4} \qquad\qquad k_a = 34,4$$

Für die Hauptlage "c" in Abbildung 14 ist $\qquad k_c = 7,6$

und für die Zwischenlage bei einem

Verdrehungsweg von $x = x_o$ in Abbildung 15 ist $\qquad k_{x_o} = 9,9$

Forschungsberichte des Wirtschafts- und Verkehrsministeriums Nordrhein-Westfalen

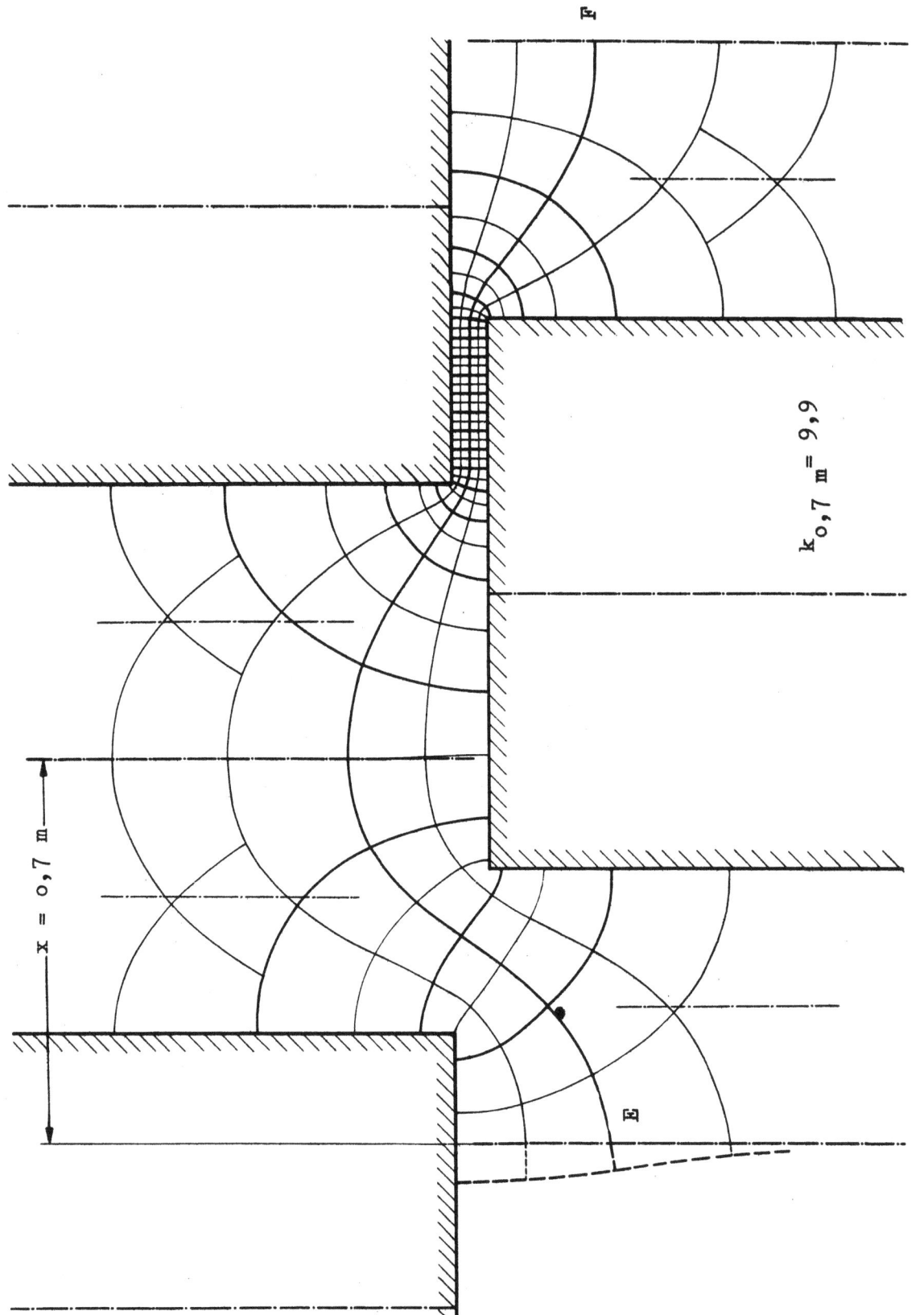

Abbildung 15

Feld- und Niveaulinienverlauf bei beliebig stehenden Zähnen von Spulenkörper und Ankerring (Zwischenlage $x = 0{,}7$ m)

Forschungsberichte des Wirtschafts- und Verkehrsministeriums Nordrhein-Westfalen

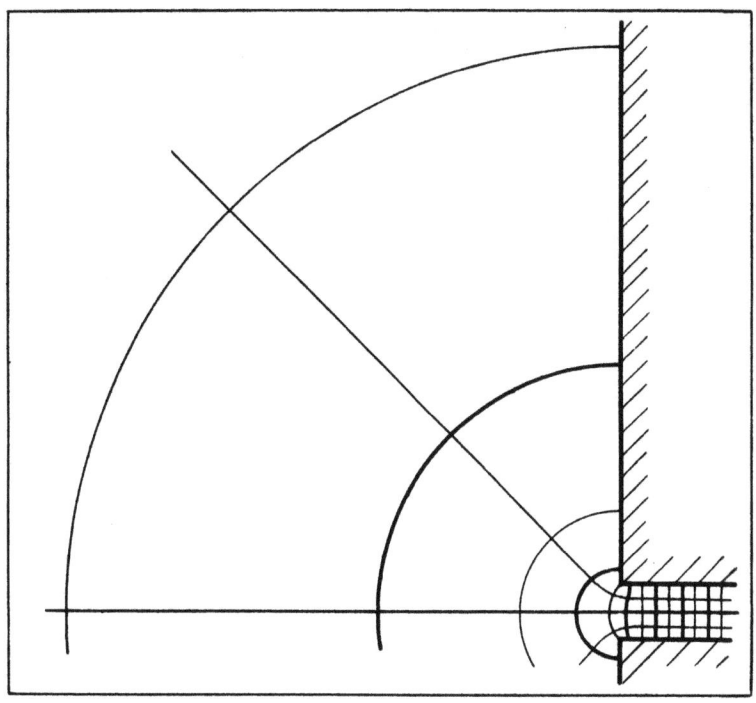

Abbildung 16

Feld- und Niveaulinienverlauf bei in einer Ebene liegenden Stirnfläche
eines Zahnes des Ankerringes und Spulenkörpers

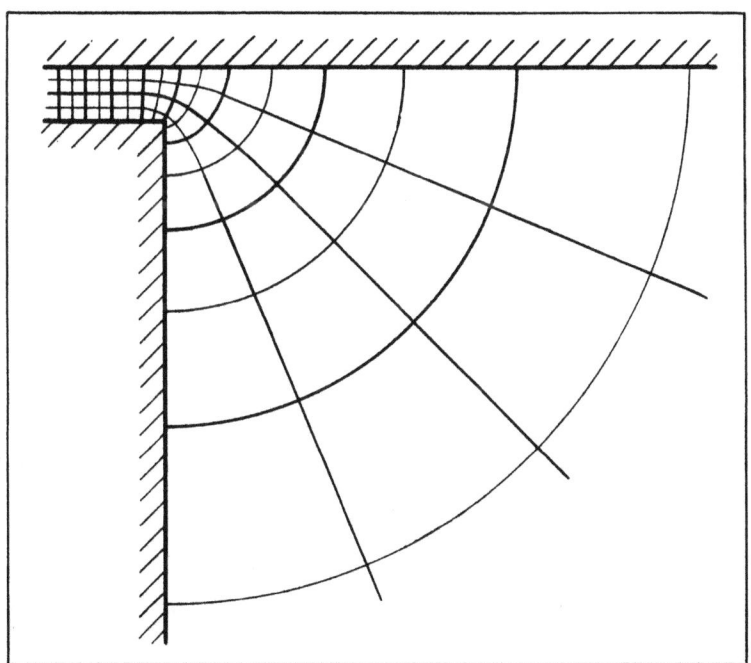

Abbildung 17

Feld- und Niveaulinienverlauf an der spulenseitigen Stirnfläche
eines Zahnes des Spulenkörpers bei durchgehendem Zahn des Ankerringes

Der magnetische Leitwert eines Zahnes ohne Berücksichtigung des Einflusses der Stirnflächen lautet dann

$$\lambda_{1z} = k \mu_o n \quad \left[\frac{G\,cm^2}{A}\right]$$

wenn $\mu_o \left[\frac{G\,cm}{A}\right]$ und $n\,[cm]$ die axiale Länge eines Zahnes ist.

Der Einfluß der Stirnflächen wird dadurch erfaßt, daß man die Zahl der Einheitsröhren (k_{st}), die aus beiden Stirnflächen des Spulenkörperzahnes austreten, aus den Feldbildern (Abb. 16 und 17) entnimmt.

Der Leitwert der Luftwege an den Stirnflächen eines Zahnes ergibt sich daraus zu

$$\lambda_{1st} = k_{st} \mu_o (m - x_o) \quad \left[\frac{G\,cm^2}{A}\right]$$

wobei m (cm) die Breite eines Zahnes und x_o der Betrag der gegenseitigen Verschiebung zugehöriger Zähne vom Spulenkörper und Ankerring bedeuten.

Allgemein erhält man damit den Gesamtleitwert aller Luftwege zwischen Spulenkörper und Ankerring entsprechend den beiden hintereinander geschalteten Lufträumen bei einer Zähnezahl z zu

$$(21) \qquad \lambda = \mu_o \frac{z}{2} \left[k \cdot n + k_{st} (m - x_o)\right]$$

6. Statisches Drehmoment in Abhängigkeit der Zähnezahl und der erregenden Durchflutung

Wie man aus Gleichung (13) ersehen kann, ist das Drehmoment unter der Annahme

$$E_a - E_c = konst$$

der Zähnezahl z direkt proportional. In Wirklichkeit wird aber die Energiedifferenz $E_a - E_c$ mit zunehmender Zähnezahl schnell kleiner, da das Verhältnis λa zu λc (Gl. (17) und (18)) immer kleiner wird und bei einer Zähnezahl von $z = \infty$ den Wert 1 erreicht (Abb. 18) und damit der Fall eintritt, daß $E_a = E_c$. Konstruiert man für die verschiedenen Zähnezahlen die zugehörigen Magnetisierungskurven und bestimmt jeweils die Fläche OCC', so erhält man die Energiedifferenz $E_a - E_c$ nach Abbildung 19. Die Zunahme des Kippmomentes infolge wachsender Zähnezahl z wird durch die stärkere Abnahme der Energiedifferenz bald aufgehoben (Abb. 20 und Abb. 43, 44).

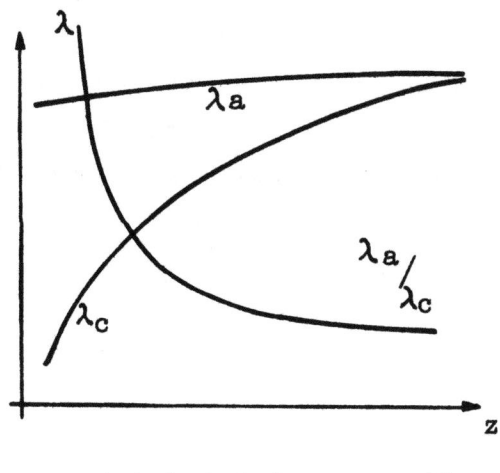

Abbildung 18

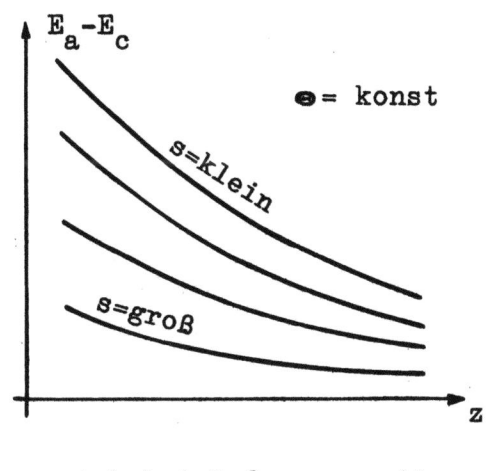

Abbildung 19

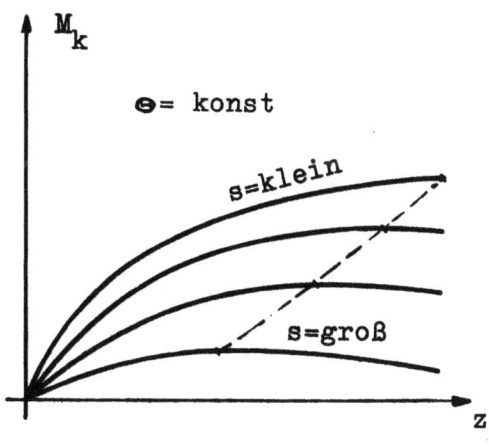

Abbildung 20

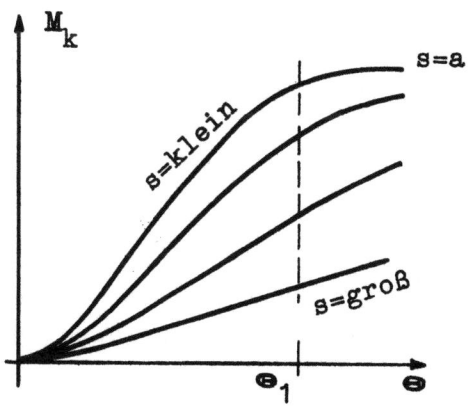

Abbildung 21

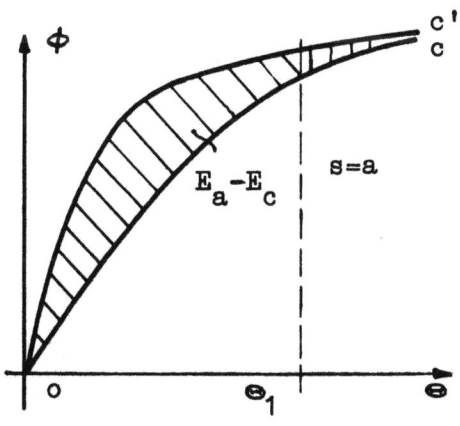

Abbildung 22

Die Kurve steigt anfänglich linear an, um nach Überschreiten des Maximalwertes wieder abzusinken. Man wird also bei Kupplungen, bei denen der maximal zulässige Verdrehungswinkel oder die Zähnezahl nicht vorgegeben ist, durch Wahl der optimalen Zähnezahl das größte Kippmoment bei kleinsten Abmessungen erreichen. Die Rechnung ist allerdings sehr zeitraubend, da sie für einige Zähnezahlen durchgeführt werden muß.

Aus Abbildung 20 ersieht man, daß das maximale Kippmoment für jeden Luftspalt bei einer anderen Zähnezahl auftritt. Man wird also bei Kupplungen mit großem Luftspalt (siehe Anwendung der Kupplung) von vornherein eine kleinere Zähnezahl wählen, da die Kupplung sonst unausgenutzt bleibt.

Die Abhängigkeit des Kupplungsmomentes von der erregenden Durchflutung zeigt Abbildung 21. Während das Kippmoment anfänglich mit Θ stark ansteigt, bleibt es später nahezu konstant, d.h. die Kupplung arbeitet im Gebiet der Sättigung. Aus Abbildung 22 geht hervor, daß bei linearer Zunahme der erregenden Durchflutung über dem Wert Θ_1 hinaus bei einem kleinen Luftspalt die von OCC' eingeschlossene Fläche nur unwesentlich größer wird, da der magnetische Fluß wegen zu hoher Induktion im Eisen und des dadurch entstehenden höheren Amperewindungsbedarfs für Eisen nur wenig ansteigt. Man wird also eine Kupplung mit einer Kennlinie nach Abbildung 21 und $s = a$ nur mit einer maximalen Amperewindungszahl Θ_1 auslegen, da der Leistungsbedarf quadratisch zunimmt und der Wirkungsgrad bei einer noch höheren Amperewindungszahl sehr schlecht wird (Abb. 42, 54, 56).

7. Drehsteifigkeit und Dämpfung der Kupplung

Bildet man die Ableitung der Drehmomenten-Verdrehungswinkelkurve nach dem Verdrehungsweg, so erhält man die Drehsteifigkeit C der Kupplung. Diese ist neben der Dämpfung eine Kenngröße der drehelastischen Kupplung und wird in kgcm/$\widehat{\varphi}$ angegeben. Dieser Wert ist für die Verwendung der Kupplung als elastische Verbindung zweier rotierender Massen von Bedeutung, da von ihr die Eigenschwingungszahl α_E des schwingungsfähigen Systems abhängt. Ist Θ_1 das Massenträgheitsmoment der antriebsseitigen und Θ_2 das der abtriebsseitigen Masse, so gilt

$$\alpha_E = \sqrt{\frac{C}{\Theta_1} + \frac{C}{\Theta_2}} \quad [\sec^{-1}] \qquad C\ [\text{kgcm}/\widehat{\varphi}]$$
$$\Theta\ [\text{kgcm sec}^2]$$

Da man häufig nur das Kippmoment und nicht den genauen analytischen Zusammenhang zwischen statischem Drehmoment und Verdrehungswinkel kennt, wird man die $M\varphi$-Kurve im statischen Versuch ermitteln und diese dann graphisch differenzieren. Die Drehsteifigkeit ist sowohl von der Erregerstromstärke als auch vom Verdrehungswinkel abhängig. Somit gilt $C = f(I, \varphi)$ $C = f(I, M)$.

Man muß nun zwei Fälle unterscheiden: $M = \text{konst} = M_o$, $I = \text{konst} = I_o$.

Ist das zu übertragende Drehmoment gleichförmig ($M = M_o$ Abb. 23a), so ändert sich die Drehsteifigkeit mit der Stromstärke nach Abbildung 23 c (Kurve a) und der Verdrehungswinkel nach Abbildung 23 d.

Ist die Stromstärke konstant ($I = I_o$) und das Drehmoment pulsierend, so ändert sich die Drehsteifigkeit um den Wert ΔC (Abb. 23 c) und der Verdrehungswinkel um $\Delta \varphi$ entsprechend einem Wechseldrehmoment ΔM.

Meistens werden sich jedoch beide Fälle überschneiden. Die Drehsteifigkeit bewegt sich dann zwischen den beiden Grenzkurven a' und a" in Abbildung 23 c.

Bei periodisch auftretenden Belastungsspitzen kann einem Aufschaukeln der Schwingungsamplitude einmal von außen durch Variation der erregenden Durchflutung entgegengewirkt werden, zum andern wird durch die gekrümmte Form der Kurve $C = f(\varphi)$ ein Aufschaukeln bei Resonanz verhindert, da sich durch Vergrößerung der Schwingungsamplitude automatisch die Drehsteifigkeit der Kupplung und damit die Eigenschwingungszahl des Systems ändert.

Allgemein wird ein Aufschaukeln verhindert, wenn eine Arbeitsentnahme an der Kupplung den zugeführten Schwingungsimpulsen das Gleichgewicht hält. Diese Arbeitsentnahme kann künstlich durch ein Dämpfungsmittel vermehrt werden.

In unserem Falle ist die Dämpfung der Kupplung durch die im Ankerring induzierte Leistung gegeben. Diese ist sowohl von der Frequenz als auch von der Amplitude der Schwingung abhängig. Für die Größe der Dämpfung läßt sich daher allgemein kein Maß angeben, da diese in jedem Antriebsfall verschieden ist. Reicht diese Dämpfung nicht aus, muß die Kupplung mit einer zusätzlichen Dämpfungseinrichtung versehen werden. Am zweckmäßigsten verwendet man die Bremsdämpfung, die besondere bauliche

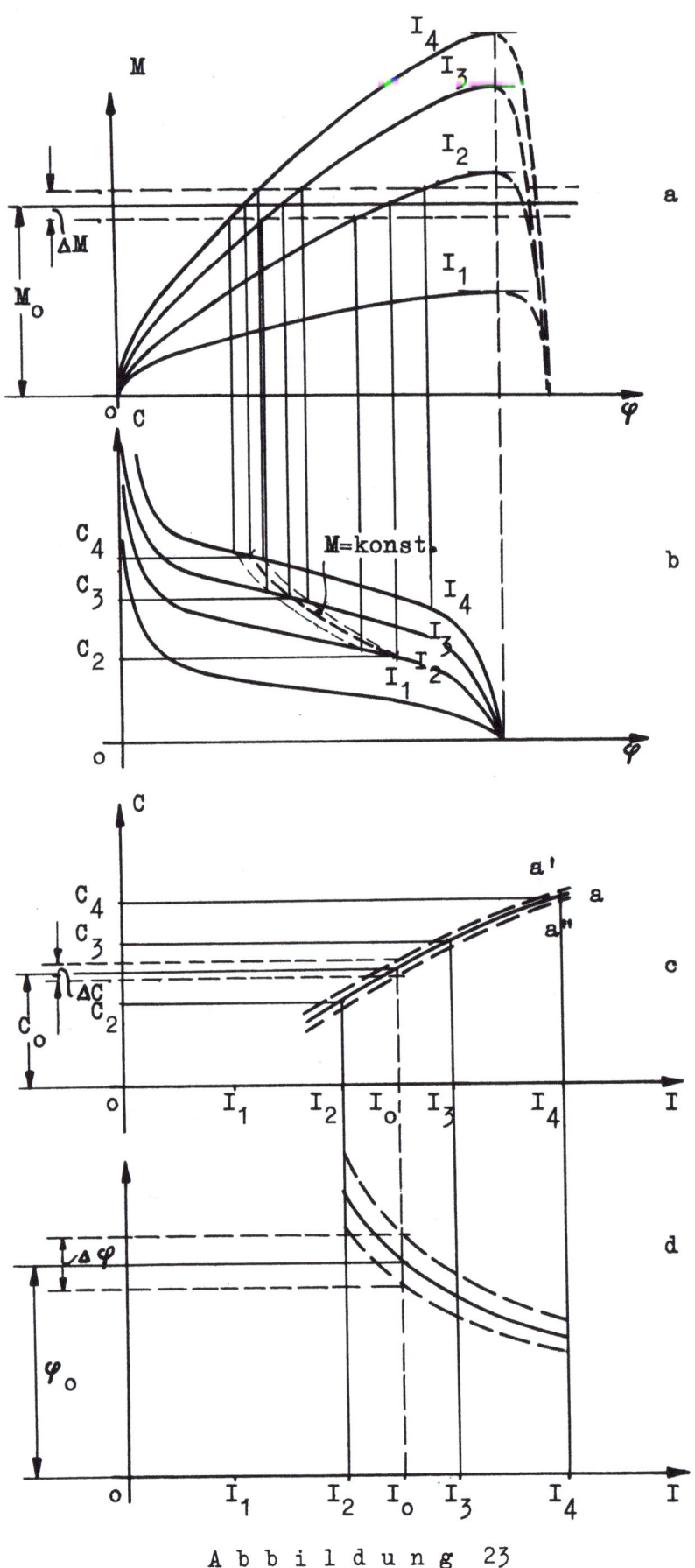

Abbildung 23

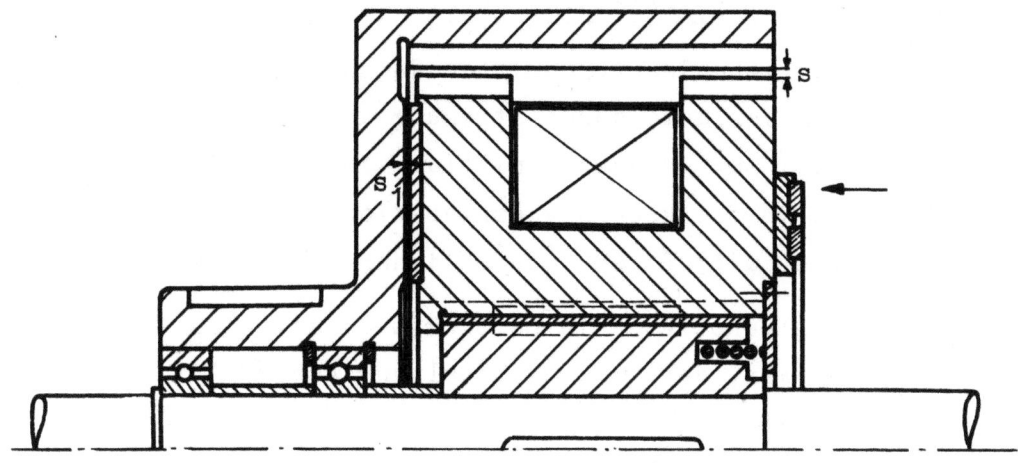

Abbildung 24

Vorkehrungen erfordert, um die Relativbewegung der beiden gegeneinanderschwingenden Kupplungshälften abzubremsen (Abb. 38).

Abbildung 24 zeigt eine mögliche Ausführung der Kupplung mit Reibungsdämpfung. Die Ankerringnabe ist in diesem Falle aus magnetischem Material, der Spulenkörper auf einer Büchse axial verschiebbar und an seiner Stirnseite mit einem Gußring als reibende Fläche versehen. Durch eine Feder wird der Spulenkörper immer in die Ausgangsstellung zurückgeführt. Ein Teil der Feldlinien durchsetzt nun auch die Ankerringnabe und erzeugt einen Axialzug in Pfeilrichtung. Dieser ist vom Verdrehungswinkel abhängig, d.h. von der Größe des magnetischen Leitwertes im Arbeitsluftspalt s und im Dämpfungsluftspalt s_1. Der Axialzug (Abb. 25 a) abzüglich Federkraft erzeugt ein Reibungsmoment des Spulenkörpers gegen die Ankerringnabe. Die während eines Schwingungsimpulses mit der Amplitude erzeugte Dämpfungsarbeit ist gleich der zweifachen Größe der schraffierten Fläche (Abb. 25 b). In Abbildung 25 c ist die $M\varphi$-Kurve der Kupplung bei Belastung von Null auf ihr größtes Drehmoment und nachfolgender Entlastung auf Null dargestellt. Die unter der Belastungskurve liegende Fläche bis zur φ-Achse stellt die bei der Belastung der Kupplung aufgenommene Arbeit dar. Die unter der Entlastungskurve liegende Fläche ist entsprechend gleich der bei der Entlastung wieder abgegebenen Arbeit. Die im Schaubild schraffierte Fläche entspricht daher der in der Kupplung verbleibenden Dämpfungsarbeit, die in Wärme umgesetzt wird (Abb. 52).

Forschungsberichte des Wirtschafts- und Verkehrsministeriums Nordrhein-Westfalen

8. Untersuchung der auftretenden Verluste

Bei der in den vorhergehenden Abschnitten durchgeführten Berechnung wurden die auftretenden Verluste durch Streuung und pulsierenden Gleichstrom nicht berücksichtigt. Zur genauen Ermittlung des statischen Drehmomentes sind diese Verluste in die Rechnung einzubeziehen, da die dadurch entstehenden Fehler bis zu 45 % des tatsächlichen Wertes betragen können.

Der für die Kupplung benötigte Gleichstrom wird meistens einem Doppelweg-Gleichrichter entnommen, der in Gräz-Schaltung geschaltet ist. Da dieser keine eingebauten Siebglieder zur Stromglättung aufweist, ist der zeitliche Verlauf des Kupplungsstromes stark von der Induktivität der Kupplung abhängig. Die Induktivität ist aber wiederum mit der Größe des Kupplungsstromes veränderlich. Daraus ergibt sich, daß man jedem Kupplungsstrom einen bestimmten Gütegrad k des verwendeten Gleichstromes zuordnen muß.

Unter Gütegrad versteht man das Verhältnis der Strecken $(a - \frac{b}{2})$ zu a Abbildung 25 a. Da der magnetische Fluß mit dem Kupplungsstrom gleichläuft, d.h. im selben Rhythmus zwischen seinem höchsten und niedrigsten Wert schwankt, ist zur Berechnung des statischen Drehmomentes der niedrigste Stromwert in Rechnung zu setzen. Man wird also bei der Berechnung der Kupplung zwischen einer theoretischen (AW_{th}) und einer wirksamen (AW_w) Amperewindungszahl unterscheiden müssen. Bei gegebener Windungszahl entspricht der ersteren der Strombetrag a und der letzteren $(a - \frac{b}{2})$.
Somit gilt $AW_w = k \cdot AW_{th}$

Allgemein kann, wie die Versuche ergeben, k mit genügender Genauigkeit aus nebenstehendem Schaubild (Abb. 26) entnommen werden (s. VII,3 und Abb. 64). Dieses ist nur für Gleichstrom 1oo Hz pulsierend gültig. Mit AW_w kann man durch Ausplanimetrieren der Fläche ODD' die wirksame Energiedifferenz $(E_a - E_c)_w$ finden, während die Fläche OCC' die theoretische Energiedifferenz $(E_a - E_c)_{th}$ darstellt (Abb. 29).

Zwischen der wirksamen und der tatsächlichen oder gemessenen Energiedifferenz $(E_a - E_c)_{gem}$ besteht eine Differenz, die durch die Streuung des magnetischen Flusses gegeben ist. Ein bestimmter Teil des magnetischen Flusses wird nicht den vorgeschriebenen Weg im Eisenquerschnitt nehmen, sondern den umgebenden Raum ausfüllen. Der wirksame magnetische Fluß wird kleiner als der errechnete sein. Ebenso ergibt sich für die

Seite 32

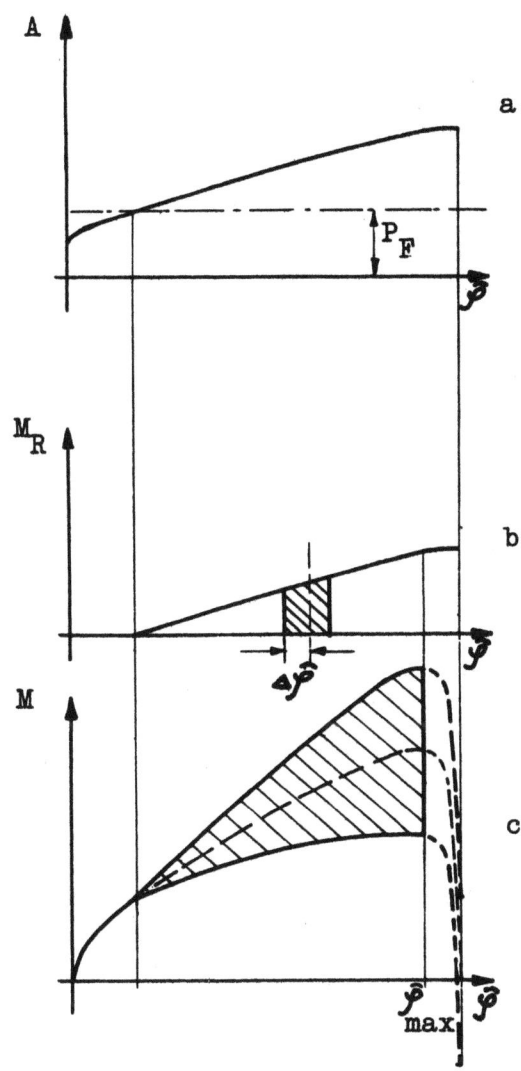

Abbildung 25

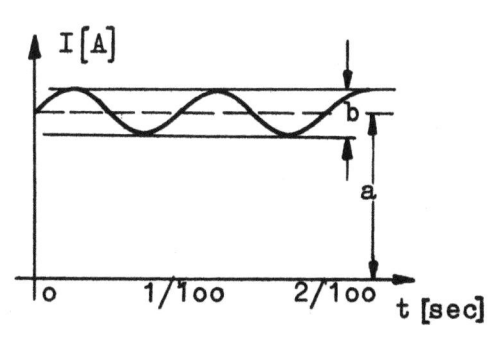

Abbildung 25 a

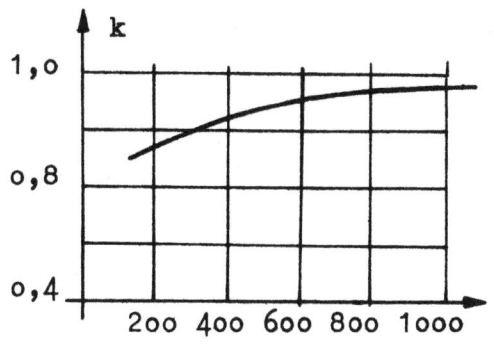

Abbildung 26

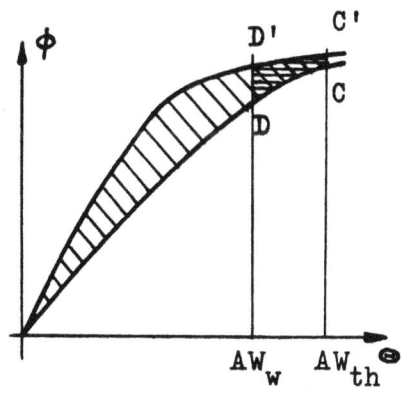

Abbildung 27

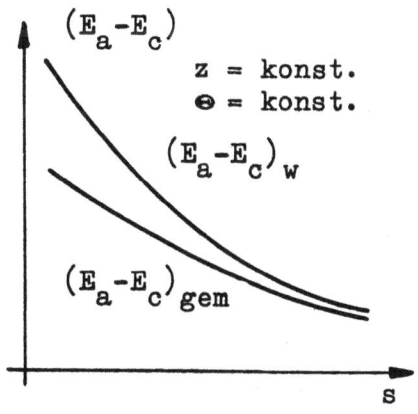

Abbildung 28

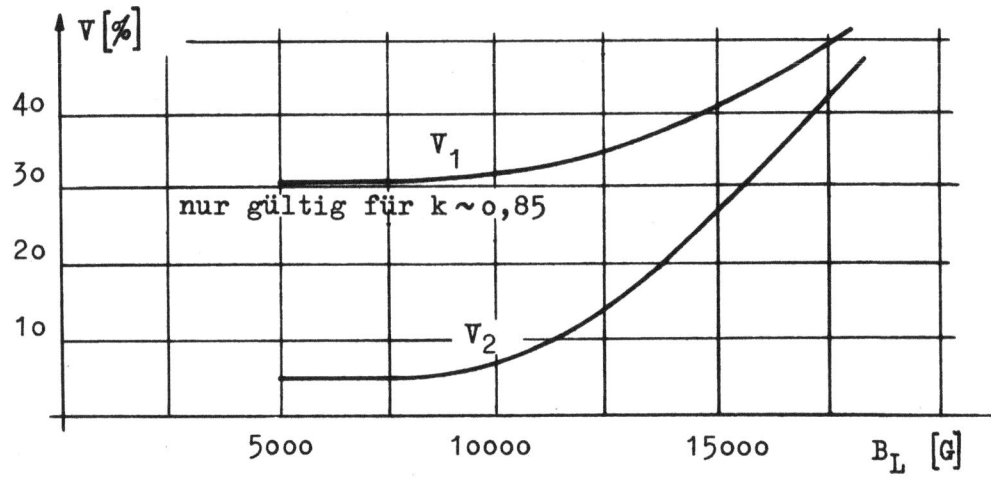

Abbildung 29

Arbeit der magnetischen Kräfte ein niedriger Wert, da $(E_a - E_c) \approx \phi \ominus$.

Die versuchsmäßig bestimmten Werte $(E_a - E_c)_{gem}$ liegen um ca. 2 bis 35 % unter den mit Berücksichtigung des Amperewindungsverlustes durch pulsierenden Gleichstrom errechneten Werten.

Abbildung 28 zeigt die Arbeit der magnetischen Kräfte in Abhängigkeit des Kupplungsluftspaltes für eine bestimmte Amperewindungs- und Zähnezahl. Mit kleinerem Luftspalt, also bei größerer Induktion im Luftspalt, wächst die Streuung und damit der Unterschied zwischen $(E_a-E_c)_w$ und $(E_a-E_c)_{gem}$ (s. VII,1 und Abb. 57).

In Abbildung 29 zeigt die Kurve V_1 die Verluste durch pulsierenden Gleichstrom und Streuung und V_2 nur die Verluste durch Streuung in Abhängigkeit der Luftspaltinduktion, bezogen auf die Kupplung mit gegenüberstehenden Polen.

$$(23) \qquad V_1 = \frac{(E_a - E_c)_{th} - (E_a - E_c)_{gem}}{(E_a - E_c)_{th}} \cdot 100 \; [\%]$$

$$(24) \qquad V_2 = \frac{(E_a - E_c)_w - (E_a - E_c)_{gem}}{(E_a - E_c)_w} \cdot 100 \; [\%]$$

Die Abhängigkeit $V_2 = f(B_L)$ kann, wie die Messung an verschiedenen Kupplungsgrößen gezeigt hat, allgemein für Kupplungen aller Größen angewandt werden, wenn diese geometrisch ähnlichen Aufbau wie die in Abbildung 1 dargestellte Kupplung haben.

Zur Berechnung des statischen Drehmomentes ist daher $(E_a - E_c)_{gem}$ anzuwenden

$$(E_a - E_c)_{gem} = (E_a - E_c)_w \cdot (1 - \frac{V_2}{100}).$$

9. Modellgesetz

Vergrößert man die linearen Abmessungen der Kupplung um das a-fache, so werden die Querschnitte a^2-mal und die Volumina a^3-mal größer.

Die Fläche der Magnetspule wird also a^2-mal größer werden und daher unter der Voraussetzung, daß die Stromdichte konstant bleibt, auch die Durchflutung der Spule.

Beziehen sich nun die gestrichenen Größen auf die Kupplung nach der a-fachen Vergrößerung der linearen Außenabmessungen, so gilt:

$$\phi \approx \frac{\Theta \cdot F_L}{s}$$

$$\Theta' \approx \Theta \cdot a^2$$

$$F_L' \approx F_L \cdot a^2$$

$$s' \approx s \cdot a$$

demnach erhält man für

$$\phi' \approx \frac{\Theta' \cdot F_L'}{s'} \approx \frac{\Theta \cdot a^2 \cdot F_L \cdot a^2}{s \cdot a}$$

$$\approx \phi \cdot a^3$$

Die magnetische Energie und damit die Arbeit der magnetischen Kräfte ist dem Produkt aus magnetischem Fluß und Durchflutung proportional

$$(E_a - E_c) \approx \phi \cdot \Theta$$

$$(E_a - E_c)' \approx \phi' \cdot \Theta' \approx \phi a^3 \cdot \Theta a^2$$

$$\approx (E_a - E_c) a^5$$

$$M_K \approx (E_a - E_c)$$

$$\underline{M_K' \approx (E_a - E_c)' \approx (E_a - E_c) \cdot a^5 \qquad \underline{M_K' \approx M_K \cdot a^5}}$$

Forschungsberichte des Wirtschafts- und Verkehrsministeriums Nordrhein-Westfalen

Das Kippmoment steigt also bei Vernachlässigung der Eisensättigung und Verluste um das a^5-fache, wenn die Kupplung um das a-fache vergrößert wird.

Dabei hat sich die Induktion um das a-fache vergrößert, denn

$$B = \frac{\phi}{F_E} \qquad F_E = \text{Eisenquerschnitt}$$

$$B' = \frac{\phi'}{F_E'} = \frac{\phi \cdot a^3}{F_E \cdot a^2} =$$

$$= \underline{B \cdot a}$$

Infolge der Eisensättigung wird aber die Induktion sehr wenig oder gar nicht ansteigen. Mit B = konstant ergibt sich nun

$$\phi' \approx \phi\, a^2.$$

Außerdem tritt eine Verschlechterung der Kühlung der Spule ein. Ihre Verluste steigen mit a^3, während die kühlende Oberfläche nur um a^2 wächst. Nimmt man nun noch sicherheitshalber an, daß aus diesem Grunde die Durchflutung nicht mit a^2 sondern mit $a^{1,5}$ größer wird, erhält man für das Kippmoment mit Sicherheit

$$\underline{\underline{M_K' \approx M_K\, a^{3,5}}}$$

10. Dynamisches Drehmoment

Wird das Drehmoment der Kupplung überschritten, so fällt sie aus dem Tritt und beginnt zu schlupfen. Der Ankerring hat gegenüber dem Spulenkörper eine Relativdrehzahl, die sich so lange verändert, bis Lastmoment und Schlupfmoment der Kupplung den gleichen Wert erreicht haben.

Während bei unendlich langsamer Verdrehung $n_{rel} \to 0$ das mittlere Drehmoment der Kupplung Null ist, hat das mittlere Drehmoment bei $n_{rel} > 0$ einen endlichen Wert. Es werden durch die zeitliche Änderung des magnetischen Flusses im Ankerring Wirbelströme indiziert, die ein Magnetfeld aufbauen, das bestrebt ist, den Spulenkörper mitzunehmen. Die Größe der im Ankerring in der Zeiteinheit entstehenden und in Wärme umgesetzten Energie entspricht dabei der Arbeit des dynamischen Drehmomentes.

$$Q = \frac{M_{dyn} \cdot n_{rel} \cdot \pi}{30 \cdot 427} \quad \left[\frac{kcal}{sec}\right]$$

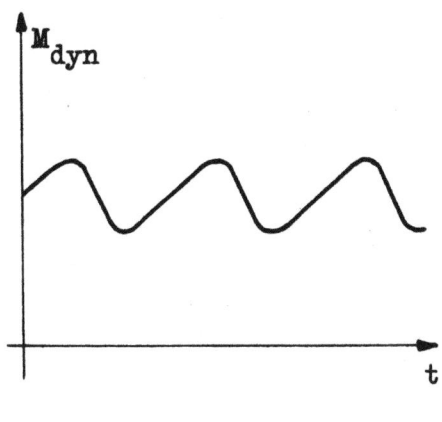
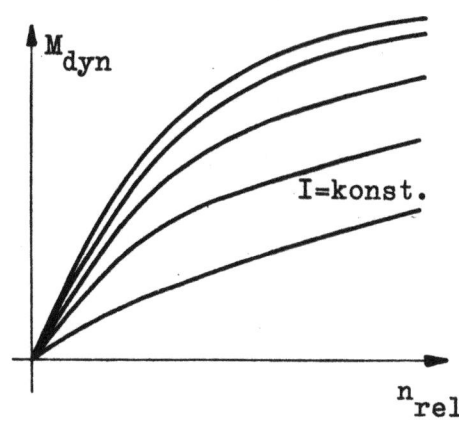

Abbildung 30
(VII,2 und Abb. 58 - 62)

Abbildung 31

Durch die anziehenden und abstoßenden Kräfte der Zähne ist das dynamische Drehmoment pulsierend mit einer Frequenz

$$f = \frac{z \, n_{rel}}{60} \, [Hz]$$

Abbildung 30 zeigt den zeitlichen Verlauf des dynamischen Drehmomentes, Abbildung 31 die Abhängigkeit dieses von der Relativdrehzahl und der Erregerstromstärke.

Der Wert des dynamischen Drehmomentes wurde nur versuchsmäßig bestimmt, denn die genaue Berechnung des dynamischen Drehmomentes dürfte wohl, bei der gegebenen Form des Ankerringes, zu den schwierigsten Aufgaben der heutigen Mathematik gehören. Zum anderen hat es sich gezeigt, daß das dynamische Moment im Verhältnis zum Kippmoment der Kupplung sehr klein ist und für das Anfahren einer Anlage meistens nicht ausreicht, es sei denn, der Antrieb wird unbelastet hochgefahren, so daß die Kupplung nur das Moment zur Beschleunigung des Antriebes übertragen muß. Auch liegt es nicht dem Konstruktionsgedanken der Kupplung zugrunde, ein Drehmoment während des Schlupfes zu übertragen (s. Abschnitt V und VIII).

IV. Berechnungsbeispiel

Eine Unterwasserpumpe ist mit einem Gleichstrommotor anzutreiben. Da dieser gegen Wassereintritt geschützt sein muß, werden Pumpe und Motor mit einer Synchron-Kupplung gekuppelt, wobei diese gleichzeitig als stopfbüchsenlose Abdichtung für den Motor dienen soll (s. Abschnitt V).

Forschungsberichte des Wirtschafts- und Verkehrsministeriums Nordrhein-Westfalen

Leistung des Motors   8,5 kW
Drehzahl des Motors   3ooo U/min
min. Luftspaltbreite   1,7 mm
max. zulässiger Außendurchmesser 2oo mm

Anordnung:

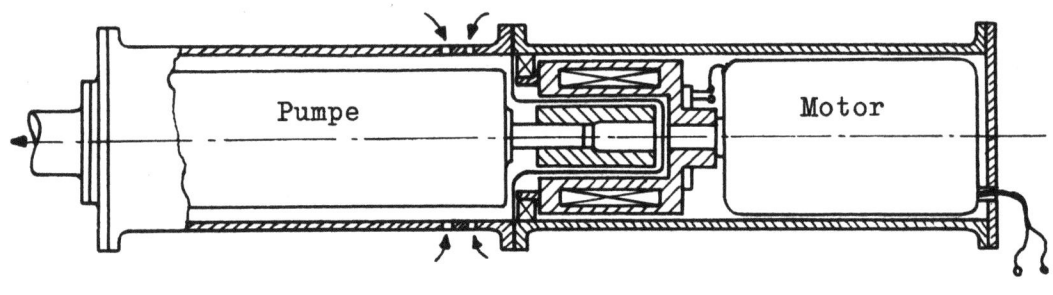

Abbildung 32

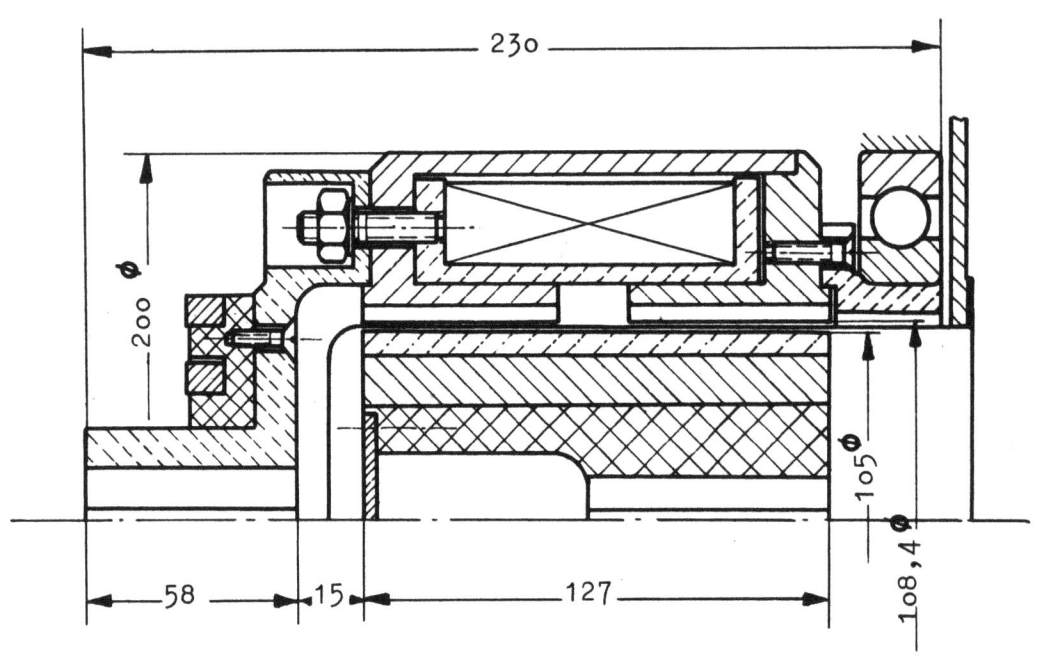

Abbildung 33

Wegen der hohen Antriebsdrehzahl und der damit verbundenen großen Wasserreibung wird die Magnetspule in diesem Fall in den Außenkörper verlegt. Der zylindrische Innenkörper bildet die abtriebsseitige Kupplungshälfte und läuft mit seinem wesentlich geringeren Außendurchmesser und der kleineren reibenden Oberfläche im Wasser. Die Zahnlücken sind mit unmagnetischem Material ausgefüllt. Die Oberfläche ist glatt poliert, so daß der Reibverlust des Innenkörpers gegen Wasser ein Minimum erreicht (Abb. 33 und 39).

Durch die Angabe des maximalen Außendurchmessers und Luftspaltes ist die Kupplung schon in weiten Grenzen festgelegt. Variabel bleiben noch Baulänge, Zähnezahl und Amperewindungsbedarf. Aus konstruktiven und preislichen Gründen hält man die Baulänge so klein wie möglich. Da an die Kupplung keine besonderen Anforderungen in Bezug auf Drehelastizität, d.h. auf den maximal zulässigen Verdrehungswinkel gestellt werden, kann eine vorläufige Zähnezahl $z = 24$ gewählt werden.

Spulenkörper und magnetischer Rückschluß werden in den Abmessungen festgelegt und die Magnetisierungskurven für die Kupplung mit auf Lücke- und gegenüberstehenden Polen konstruiert.

Querschnittflächen:

$F_1 = 36,5 \text{ cm}^2$

$F_2 = 64,90 \text{ cm}^2$

$F_3 = 30,60 \text{ cm}^2$

$F_4 = 24,8 \text{ cm}^2$

mittlere Länge der Kraftlinien:

$l_1 = 5,2 \text{ cm}$

$l_2 = 2,9 \text{ cm}$

$l_3 = 3,0 \text{ cm}$

$l_4 = 3,6 \text{ cm}$

Aus Gleichung (17) und (18) wird der Leitwert des Luftspaltes für die Kupplung mit gegenüber- und auf Lücke stehenden Polen errechnet

$$l_a = \frac{\lambda_a}{\mu_o} = 310 \text{ cm}$$

$$l_c = \frac{\lambda_c}{\mu_o} = 208 \text{ cm}$$

wobei der mittlere Luftspaltdurchmesser $D = 105 \text{ mm}$

die Polbreite $m = 6,9 \text{ mm}$

die axiale Zahnlänge $n = 50 \text{ mm}$

ist.

Zur Aufstellung der Magnetisierungskurven OC und OC' dient die Tabelle, Seite 41.

Aus dem Verlauf der Magnetisierungskurven kann man ersehen, daß eine Erhöhung der Amperewindungszahl über 4000 keine nennenswerte Vergrößerung

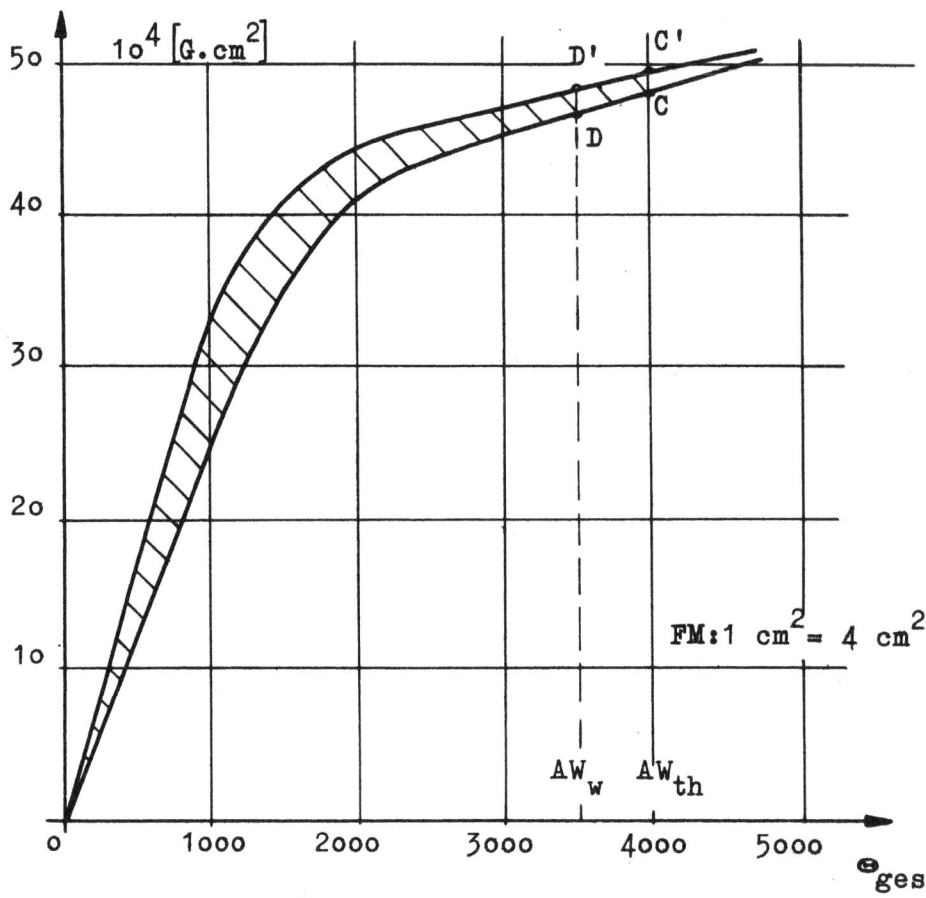

Abbildung 34

der von den Kurven eingeschlossenen Fläche mit sich bringt. Man wird also für diese Amperewindungszahl das Kippmoment der Kupplung bestimmen (Abb. 34).

$$\text{Fläche OCC'} = 15,5 \text{ cm}^2$$
$$1 \text{ cm}^2 = 1,02 \text{ cm kg}$$
$$(E_a - E_c)_{th} = 15,8 \text{ cm kg}$$

Mit Berücksichtigung des pulsierenden Gleichstroms ergibt sich mit $k = 0,88$ aus Abbildung 64 eine wirksame Amperewindungszahl AW_w von 3520. Entsprechend dazu

$$\text{Fläche ODD'} = 14,5 \text{ cm}$$
$$(E_a - E_c)_w = 14,8 \text{ cm kg}$$

Mit angenäherter Luftspaltinduktion bei gegenüberliegenden Polen bestimmt man aus Abbildung 31 die auftretenden Verluste V_2 durch Streuung.

$$B_L \sim \frac{\phi}{F_L} \sim \frac{48,5 \cdot 10^4}{83} \sim 5900 \text{ G.}$$

Forschungsberichte des Wirtschafts- und Verkehrsministeriums Nordrhein-Westfalen

Tabelle zur Aufstellung der Magnetisierungskurven

Φ [G cm²]	$20 \cdot 10^4$		$30 \cdot 10^4$		$40 \cdot 10^4$		$45 \cdot 10^4$		$47 \cdot 10^4$		$50 \cdot 10^4$	
Θ_L = [AW]	a	c	a	c	a	c	a	c	a	c	a	c
	513	766	771	1150	1030	1530	1160	1725	1210	1800	1285	1915
B_1 [G]	5475		8200		10950		12350		12900		13700	
B_2 [G]	3075		4620		6150		6930		7250		7700	
B_3 [G]	6550		9800		13100		14700		15400		16350	
B_4 [G]	8050		12100		16100		18150		18950		20100	
H_1 [A/cm]	1,2		2,1		3,8		5,7		7,1		10,3	
H_2 [A/cm]	0,75		1,0		1,4		1,65		1,75		1,9	
H_3 [A/cm]	1,5		2,9		7,7		16,7		26,0		50	
H_4 [A/cm]	8,05		5,2		40		145,0		210,0		330	
V_1 [AW]	6,2		10,9		19,8		29,6		36,9		53,5	
V_2 [AW]	2,2		3,0		4,1		4,8		5,1		5,5	
V_3 [AW]	4,5		8,7		23,1		50,1		78		150	
V_4 [AW]	7,4		18,7		144,0		522,0		756		1190	
Θ_E [AW]	40,6		82,6		382		1213		1752		2798	
$\Theta_{ges} = \Theta_E + \Theta_L$ [AW]	553	806,0	853	1230	1410	1910	2370	2940	2960	3550	4090	4700

$V_2 = 5 \%$. Der tatsächliche, "gemessene" Wert der Arbeit der magnetischen Kräfte errechnet sich aus der Gleichung (24) zu

$$(E_a - E_c)_{gem.} = 14,8 \cdot (1 - \frac{5}{100}) = 14,0 \text{ cm kg}$$

Mit einem Leitwertverhältnis

$$\frac{\lambda_a}{\lambda_c} = \frac{310}{208} = 1,5$$

ergibt sich nach Gleichung (13) das Kippmoment

$$M_K = 14,0 \cdot \frac{24}{2} = 168 \text{ cm kg}$$

Da das geforderte Drehmoment nur 150 cm kg beträgt, wird die Kupplung den Anforderungen genügen. Zähnezahl und Abmessungen können daher nach Abbildung 33 beibehalten werden.

Ermittlung der Erregerspulendaten

Die von der Spule aufgenommene Leistung wird vollkommen in Wärme umgesetzt, da zur Aufrechterhaltung des Magnetfeldes keine Energie benötigt wird. Es muß daher die gesamte zugeführte elektrische Leistung durch die Spulenoberfläche nach außen hin abgegeben werden. Die maximale Oberflächenbelastung soll daher nicht mehr als 10 bis 15 W/dm^2 Spulenoberfläche (Erfahrungswert), in Sonderfällen bei guter Kühlung max 18 W/dm^2 betragen. Die dabei entstehende Temperaturerhöhung in der Spule hat ein Ansteigen des Widerstandes des Drahtes zur Folge. Da in den meisten Anwendungsfällen die Stromstärke nicht nachgeregelt wird, sondern nur die angelegte Spannung konstant ist, versieht man die theoretische Amperewindungszahl AW_{th} mit einem Sicherheitszuschlag für Stromwärmeverluste; dieser beträgt rund 20 %.

Drahtquerschnitt $q = \dfrac{\Theta_{th} \cdot 1,2 \cdot lm}{\varkappa \cdot U}$

$= 0,2 \text{ mm}^2$

$U = 220 \text{ V}$
$\varkappa = 56$
$lm = 0,51 \text{ m}$
$F_{sp} = 2060 \text{ mm}^2$
$f = 0,46$

Nächstgrößerer genormter Drahtquerschnitt

$$q = 0,216 \text{ mm}^2$$

Drahtdurchmesser $d = 0,525 \text{ mm}$

Mit dem Drahtdurchmesser ergibt sich ein Füllfaktor $f = 0,46$ aus

Abbildung 65 und die tatsächliche Durchflutung

$$\Theta = \frac{q \cdot \varkappa \cdot U}{lm}$$

$$= 5200 \text{ AW} \quad \text{bei kalter Spule}$$

Mit der Spulenfläche erhält man die Stromdichte

$$s = \frac{\Theta}{f \cdot F_{sp}}$$

$$= 5{,}48 \text{ A/mm}^2$$

Dieser Wert ist bei obigem Drahtquerschnitt noch gerade zulässig. Damit ergibt sich

Stromstärke $\quad I = s \cdot q = 1{,}18$ A

Leistung $\quad L = U \cdot I = 260$ W

Anzahl der Wicklungen $\quad w = \frac{\Theta}{I} = 4405$

Überprüfung hinsichtlich Oberflächenbelastung:

$$O = \frac{L}{F_o} = \frac{260}{23{,}4} \qquad F_o = 23{,}3 \text{ dm}^2$$

$$= 11{,}2 \text{ W/dm}^2,$$

also noch zulässig.

Auf gleiche Weise wird das Kippmoment bei einer Durchflutung $\Theta = 5200$ AW für die kalte und 4160 AW für die warme Kupplung entsprechend dem genormten Drahtquerschnitt gerechnet.

V. Anwendung der Kupplung

Man wird die Kupplung zweckmäßig in den Antriebsfällen anwenden, bei denen konstanter Schlupf vermieden wird, obwohl ein Drehmoment während des Schlupfes übertragen werden kann. Dieses liegt aber nicht dem Konstruktionsgedanken der Kupplung zugrunde. Auch ist das dynamische Drehmoment im Verhältnis zum maximalen statischen Drehmoment zu klein und daher meistens nicht ausreichend, eine Arbeitsmaschine anzufahren (siehe Abschnitt VIII).

Besonders geeignet ist die Kupplung zur Verwendung als:

a) Sicherheitskupplung

b) stopfbüchsenlose Abdichtung

c) elastische Kupplung

d) Drehmomentenmesser

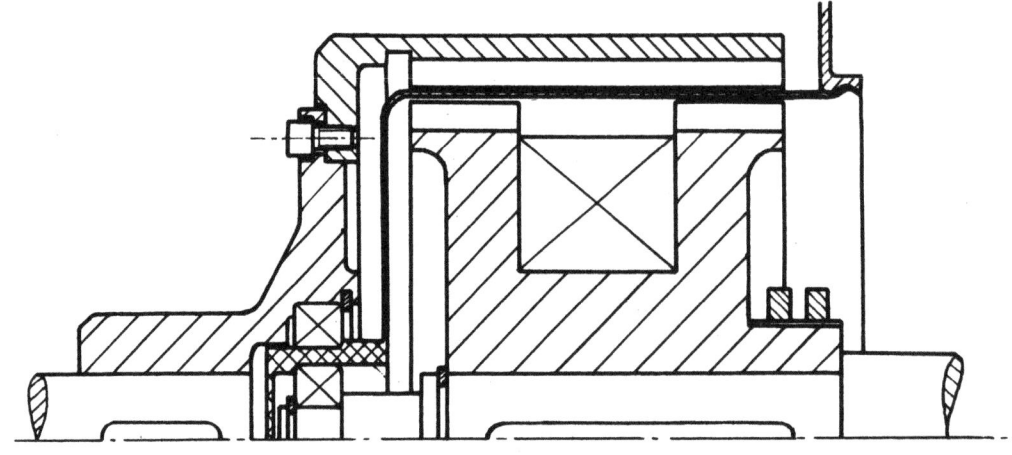

Abbildung 35

Zu a)

Das Sicherheitsmoment kann von Null ausgehend bis zum maximalen Kippmoment mittels eines einfachen Spannungsreglers eingestellt werden. Dabei braucht die Anlage nicht stillgesetzt zu werden. Die Drehmomenteneinstellung erfolgt während des Betriebes und die Größe des Drehmomentes kann an einem in mkg geeichten Amperemeter abgelesen werden. Die Kupplung bietet weiter den Vorteil, daß das Sicherheitsmoment vollkommen unabhängig von den Einflüssen ist, die bei Reibungskupplungen auftreten. Bei diesen ist der Reibwert abhängig von der Temperatur, der Einlaufzeit, der unterschiedlichen Schmierung und dem Reibradius.

Zu b)

Wählt man den Luftspalt so groß, daß man eine dünne Wand aus antimagnetischem und elektrisch nicht leitendem Werkstoff zwischen Spulenkörper und Ankerring legen kann, ohne daß ein Berühren stattfindet, so überträgt die Kupplung das Drehmoment durch diese Zwischenwand ohne Verluste, da die Permeabilität dieses Werkstoffes annähernd gleich der Permeabilität der Luft μ_o ist. Bildet man diese Zwischenwand zu einem "Topf" aus, der den ganzen Innenkörper umschließt und gleichzeitig mit einer feststehenden Außenwand verbunden ist, kann beispielsweise der unempfindliche Außenkörper im Wasser laufen, während der empfindliche Innenkörper vollkommen feuchtigkeitsgeschützt ist. Abbildung 35 zeigt die Anwendung der Kupplung als stopfbüchsenlose Abdichtung. Durch diese Anordnung wird z.B. die Möglichkeit geschaffen, einen Gleichstrommotor vollkommen abzudichten, was mit den bisherigen Mitteln, d.h. Stopfbüchsen, nicht möglich war. Zweckmäßig wird in diesem einen Fall die Wicklung der Kupplung in den

Hauptstromkreis des Gleichstrommotors gelegt, da auf diese Weise das statische Moment der Kupplung der Belastung der Anlage angepaßt wird. Ferner hat man dadurch den Vorteil, daß nur ein zweipoliges Kabel für die Stromzuführung von Motor und Kupplung verwendet werden kann (siehe Abschnitt IV).

Zu c)

In Antriebsfällen, bei denen ein pulsierendes Drehmoment auftritt, wird die Kupplung als drehelastische Verbindung zwischen treibendem und getriebenem Teil des Aggregates verwendet (z.B. Dieselmotor-Generator). Im Unterschied zu drehelastischen Kupplungen üblicher Bauart kann die Drehsteifigkeit der Kupplung während des Betriebes durch Verändern des Erregerstromes in weiten Grenzen variiert werden (Abschnitt III., 7).

Ein Durchfahren der kritischen Drehzahl wird ganz vermieden, wenn man die Drehsteifigkeit während des Anlaufvorganges der Drehzahl der Antriebswelle anpaßt. Dieses kann z.B. durch einen mit einem Fliehkraftregler kombinierten Vorwiderstand leicht erreicht werden.

Zu d)

Hat man die Drehmoment-Verdrehungswinkelkurven als Funktion des Erregerstromes im statischen Versuch aufgenommen, so kann man mit einer stroboskopischen Einrichtung die Kupplung zu Drehmomentenmessungen einsetzen. Dieses setzt allerdings voraus, daß man den Spulenkörper mit einer Marke und den Ankerring mit einer entsprechenden Gradteilung versieht. Durch stufenweises Erhöhen des Erregerstromes erhält man gleichzeitig mehrere Meßbereiche.

VI. Vergleich mit Kupplungen anderer Bauart

In der nachfolgenden Tabelle werden die technischen Eigenschaften einiger Kupplungen anderer Bauart denen der drehelastischen Elektromagnet-Synchronkupplungen gegenübergestellt. Als Vertreter elektromagnetisch geschalteter Kupplungen wurden die Elektromagnet-Einflächen und die Elektromagnet-Lamellenkupplung, aus der Gruppe der drehelastischen Kupplungen die Periflex-Kupplung und aus der Gruppe der Sicherheitskupplungen eine Lamellen-Sicherheitskupplung [*] gewählt. Die angegebenen Werte für die

---

[*] Sämtliche Kupplungen sind Stromag-Erzeugnisse.

drehelastische Elektromagnetkupplung beziehen sich auf eine Zähnezahl z = 18. Entsprechend dazu ergibt sich ein zulässiger Verdrehungswinkel von rund 9°. Selbstverständlich kann der Verdrehungswinkel durch Wahl einer kleineren Zähnezahl bis maximal 170° vergrößert werden. Die Außenabmessungen werden in diesem Fall aber erheblich größer.

Aus der Gegenüberstellung kann man ersehen, daß nur die Elektromagnet-Lamellen- und Lamellen-Sicherheitskupplungen kleinere Abmessungen als die drehelastischen Elektromagnetkupplungen haben. Auch benötigt die Elektromagnet-Lamellenkupplung eine wesentlich kleinere Erregerleistung. Demgegenüber steht der Nachteil der Elektromagnet-Lamellenkupplung, ein Leerlaufmoment zu haben, das bei hoher Relativdrehzahl zu erheblicher Wärmeentwicklung führt, die sich nachteilig auswirken kann. Die Nachteile der Lamellen-Sicherheitskupplung zeigen sich darin, daß der Wert des übertragbaren Sicherheitsmomentes von einer Anzahl Faktoren, wie z.B. Reibwert, Reibradius, Verschleiß und Temperatur, abhängt. Daraus folgt ein stark unterschiedliches Sicherheitsmoment, das nur während des Stillstandes der Kupplung verändert bzw. nachgestellt werden kann.

Demgegenüber bestehen die Vorteile der drehelastischen Elektromagnetkupplung darin, das Sicherheitsmoment während des Betriebes in weiten Grenzen variieren und genau einstellen zu können. Da jegliche reibenden Teile fehlen, tritt kein Verschleiß auf und ein Nachstellen erübrigt sich. Dank dem Vorhandensein der Zähne läßt sich die Kupplung bei Versagen des elektrischen Teiles in eine starre Kupplung verwandeln.

Der Gegenüberstellung kann man weiter entnehmen, daß mit zunehmendem Drehmoment die Außenabmessungen der drehelastischen Elektromagnetkupplungen weniger ansteigen, als die Außenabmessungen anderer Kupplungen. Die Kupplung wird daher besonders wirtschaftlich bei Übertragung großer Momente werden.

VII. Versuchsbericht

Der Zweck des Versuchs war, die technischen Eigenschaften der Kupplung festzustellen, die Grundlagen für ihre Berechnung zu finden und durch Aufnahme der Kupplungskennlinien einen Vergleich zwischen den errechneten und tatsächlich gemessenen Werten zu ermöglichen.

Das gesamte Versuchsprogramm, mit Ausnahme der Messung des statischen Drehmomentes in Abhängigkeit der Zähnezahl, wurde an mehreren Kupplungen

Forschungsberichte des Wirtschafts- und Verkehrsministeriums Nordrhein-Westfalen

Daten der Kupplung		Elektromagnet-Einflächen-kupplung		Elektromagnet-Lamellen-kupplung		Periflex-Kupplung		Sicherheits-Lamellen-kupplung		Drehelastische Elektromagnet-kupplung	
Drehmoment	[mkg]	4,0	1000	4,0	1000	4,0	1000	4,0	1000	4,0	1000
größter Durchmesser	[mm]	200	980	120	560	163	860	85	490	200	720
Größte Länge	[mm]	145	510	52	200	175	560	110	463	150	420
Leerlaufmoment	[mkg]	0	0	0,12	10	-	-	-	-	0	0
Einschaltung		bei voller Drehzahl		bei voller Drehzahl		nicht schaltbar		nicht schaltbar		ohne Dämpfungssystem nur im Stillstand schaltbar	
Verschleiß		am Reibbelag		an Lamellen		Alterung des Gummireifens		an Lamellen		kein Verschleiß	
Drehsteifigkeit		-		-		nicht regelbar, über Verdrehungswinkel konstant		-		während des Betriebes regelbar, über Verdrehungswinkel veränderlich	
Verdrehungswinkel φ		-	-	-	-	5°	10°	-	-	9°	9°
Erregerleistung	[W]	47	450	20	109	-	-	-	-	70	500

durchgeführt, deren Schnittzeichnungen im Anhang zu finden sind [*]. Es sollen aber jeweils nur charakteristische Meßwerte angeführt werden, da der Versuchsbericht sonst zu umfangreich würde. Für diese Kupplungen wurde die rechteckige Form der Zähne beibehalten, da diese am leichtesten herzustellen ist und daher auch bei einer serienmäßigen Herstellung der Kupplung beibehalten wird.

1. Aufnahme des statischen Drehmomentes in Abhängigkeit des Verdrehungswinkels, der Stromstärke, des Luftspaltes und der Zähnezahl

Versuchsanordnung:

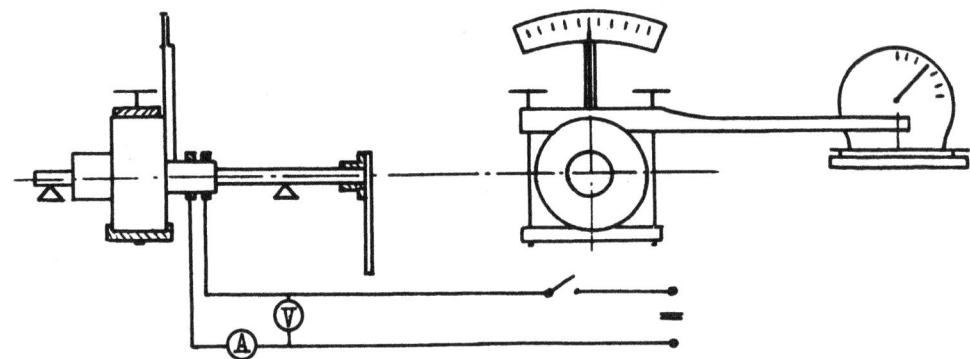

Durchführung des Versuches:
Der Innenkörper wurde über einen Hebel mit der Hand verdreht und das Drehmoment vom Ankerring mittels eines Hebelarmes auf eine Toledo-Tischwaage übertragen. Der Verdrehungswinkel wurde mittels Zeiger auf einer Skala angezeigt. Die Skala war auf der Ankerringnabe, der Zeiger auf dem Spulenkörper befestigt. Die Länge des Zeigers betrug 500 mm, so daß eine genügende Ablesegenauigkeit an der Skala gegeben war. Die Messung wurde jeweils mit dem kleinsten Luftspalt und steigendem Verdrehungswinkel in Abhängigkeit der Stromstärke begonnen. Wegen der Erwärmung der Erregerspule mußte die Stromstärke dauernd nachgeregelt werden. Auf die gleiche Weise wurde die Messung für mehrere Luftspalte und Zähnezahlen durchgeführt. Zur Vergrößerung des Luftspaltes mußte der Ankerring ausgeschliffen und der Spulenkörper um den gleichen Wert abgedreht werden, um für sämtliche Messungen einen konstanten mittleren Luftspaltdurchmesser zu haben (Abb. 41 - 56).

Die verschiedenen Zähnezahlen wurden durch Austauschen der Ankerringe und Spulenkörper erreicht. Durch Ausplanimetrieren der von den $M\varphi$-Kurven

---

[*] Abbildung 37 - 40

und der Abzisse eingeschlossenen Fläche erhält man den gemessenen Wert der Arbeit der magnetischen Kräfte (Abb. 57).

2. Aufnahme des dynamischen Drehmomentes in Abhängigkeit der Relativdrehzahl, der Stromstärke und des Luftspaltes

Versuchsanordnung:

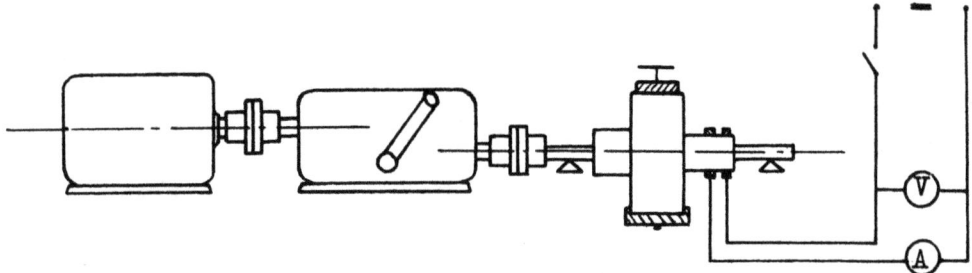

Durchführung des Versuches:

Der Innenkörper wurde über ein stufenlos regelbares Getriebe angetrieben und das Drehmoment mittels eines Hebelarmes vom stillstehenden Ankerring auf die Toledo-Tischwaage übertragen. Die Antriebsdrehzahl entspricht daher der Relativdrehzahl der Kupplung.

Bei der Messung wurde analog dem statischen Versuch mit kleinstem Luftspalt bei steigender Relativdrehzahl und Stromstärke begonnen. Das der Stromstärke Null zugehörende Drehmoment entspricht dabei dem Reibmoment der Kugellager zwischen Ankerringnabe und Antriebswelle. Dieses wurde in Abhängigkeit der Antriebsdrehzahl ermittelt und von den Meßwerten abgezogen (Abb. 58 - 63).

3. Oszillographische Aufnahme des Kupplungsstromes in Abhängigkeit der Zeit

Versuchsanordnung:

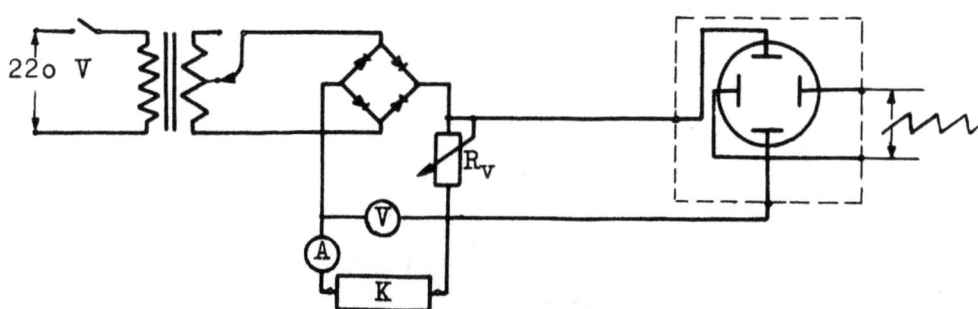

Durchführung des Versuches:

An den Doppelweg-Gleichrichter wurden verschieden große aber geometrisch ähnliche Kupplungen über den Vorwiderstand R_v angeschlossen. Dabei wurde der Vorwiderstand im Verhältnis zum Widerstand der Erregerspule sehr klein gewählt.

Der durch den Kupplungsstrom erzeugte Spannungsabfall am Vorwiderstand wurde den Vertikalablenkplatten des Oszillographen zugeführt. Zur Horizontalablenkung diente die normale Kippspannung des Oszillographen. Diese wurde mit der Vertikalablenkung synchronisiert, so daß das am Leuchtschirm stillstehende Bild fotografiert werden konnte.

Die Welligkeit des Stromes ist dabei durch die Induktivität der Kupplung gegeben und die Induktivität ist aber wiederum mit der Größe des Kupplungsstromes veränderlich. Da Induktivität und Stromstärke von der Kupplungsgröße abhängen, soll der Gütegrad k zweckmäßig in Abhängigkeit des Außendurchmessers der Kupplung dargestellt werden.

Abbildung 36 stellt beispielsweise einen zeitlichen Verlauf des Kupplungsstromes für eine Kupplung mit einem Außendurchmesser von 180 mm dar. Dafür ergibt sich ein Gütegrad

$$k = \frac{a - \frac{b}{2}}{a} = \frac{13 - \frac{4}{2}}{13} = 0,85$$

Auf gleiche Weise wurde der Gütegrad k für mehrere Kupplungen ermittelt und dadurch die Abhängigkeit des Gütegrades k vom Außendurchmesser bestimmt (Abb. 64).

Es hat sich weiter gezeigt, daß die ermittelte Gütegradkurve auch dann noch mit genügender Genauigkeit verwendet werden kann, wenn die Kupplung

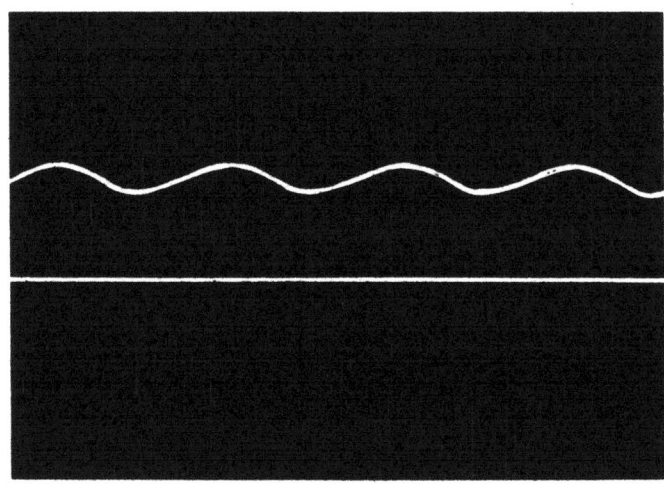

A b b i l d u n g 36

einen anderen Aufbau aufweist als die Versuchskupplungen, da die Induktivität in erster Linie durch die Erregerspule gegeben ist.

VIII. Zusammenfassung

In den vorhergehenden Abschnitten wurde der Aufbau und die Wirkungsweise der Kupplung beschrieben, die theoretischen Grundlagen zu ihrer Berechnung angegeben, sowie die Berechnung an einem praktischen Beispiel gezeigt. Ferner wurden die Anwendungsmöglichkeiten der Kupplung und die Ergebnisse durchgeführter Versuche mitgeteilt.

Der Vergleich der Kupplung mit gebräuchlichen Elektromagnetkupplungen hat ergeben, daß diese infolge der Einfachheit ihrer Konstruktion, der Außenabmessungen und der Vielzahl der Anwendungsmöglichkeiten den üblichen Elektromagnetkupplungen keineswegs nachsteht, sondern noch einige Vorteile aufweist, die einen breiten Eingang der Kupplung in die Technik rechtfertigen würden.

Ein Nachteil der Kupplung besteht darin, daß das dynamische Drehmoment im Verhältnis zum Kippmoment sehr klein ist, so daß sich die Kupplung als Schaltkupplung nur wenig eignet. Um diesem Nachteil zu begegnen, wurde anstelle einer Erregerspule jeder Zahn mit einer eigenen Erregerspule versehen, die so vom Strom durchflossen wird, daß die Zähne abwechselnde Polarität haben. Die Lücken zwischen den Zähnen des Ankerringes wurden mit Kupfer ausgefüllt. Diese Kupferstäbe wurden so miteinander verbunden, daß um jeden Zahn ein Kurzschlußring entstand (Abb. 4o).

Das dynamische Drehmoment erreichte nun ein Vielfaches des bisherigen Wertes, so daß die Kupplung in der beschriebenen Ausführung auch als Anlauf- und Schaltkupplung verwendet werden kann (Abb. 63). Die genaue Untersuchung und Dimensionierung dieser Kupplung wurde jedoch im vorhergehenden nicht angeführt. Es soll vielmehr die Grundlage für eine spätere Veröffentlichung sein.

Dr.-Ing. Walter RUDISCH, Unna in Westf.

Forschungsberichte des Wirtschafts- und Verkehrsministeriums Nordrhein-Westfalen

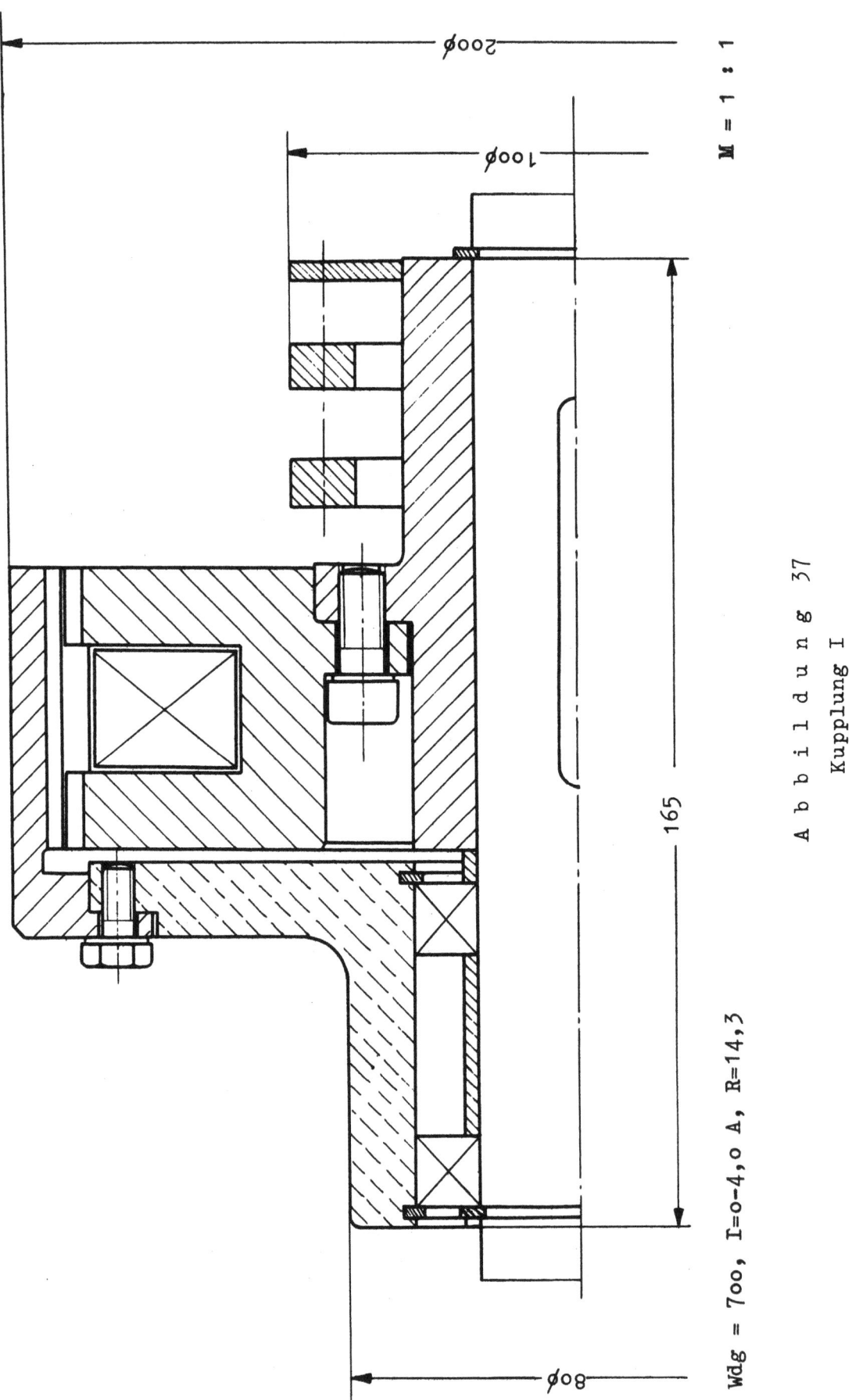

Abbildung 37
Kupplung I

Wdg = 700, I=0-4,0 A, R=14,3

Forschungsberichte des Wirtschafts- und Verkehrsministeriums Nordrhein-Westfalen

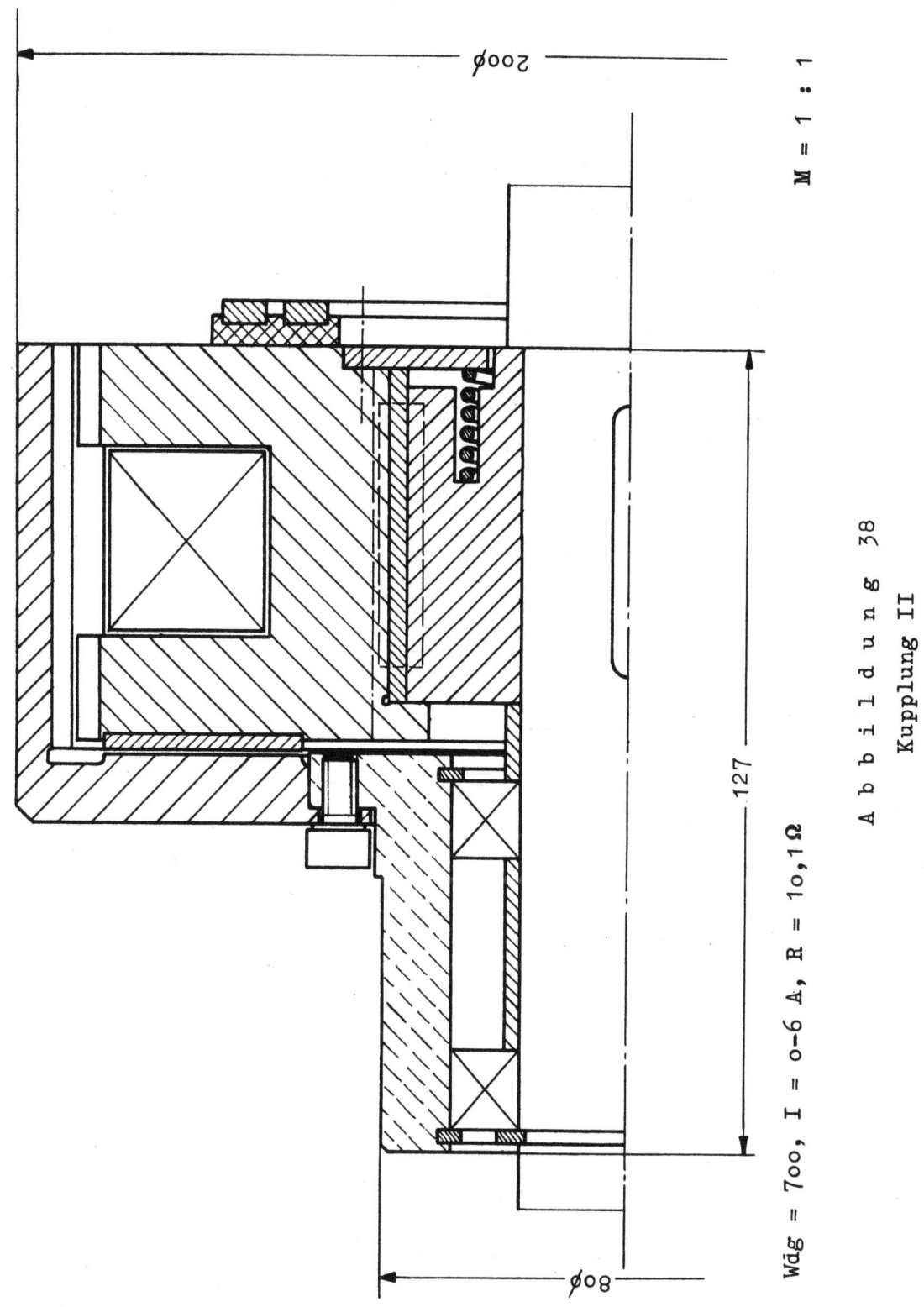

Abbildung 38
Kupplung II

Forschungsberichte des Wirtschafts- und Verkehrsministeriums Nordrhein-Westfalen

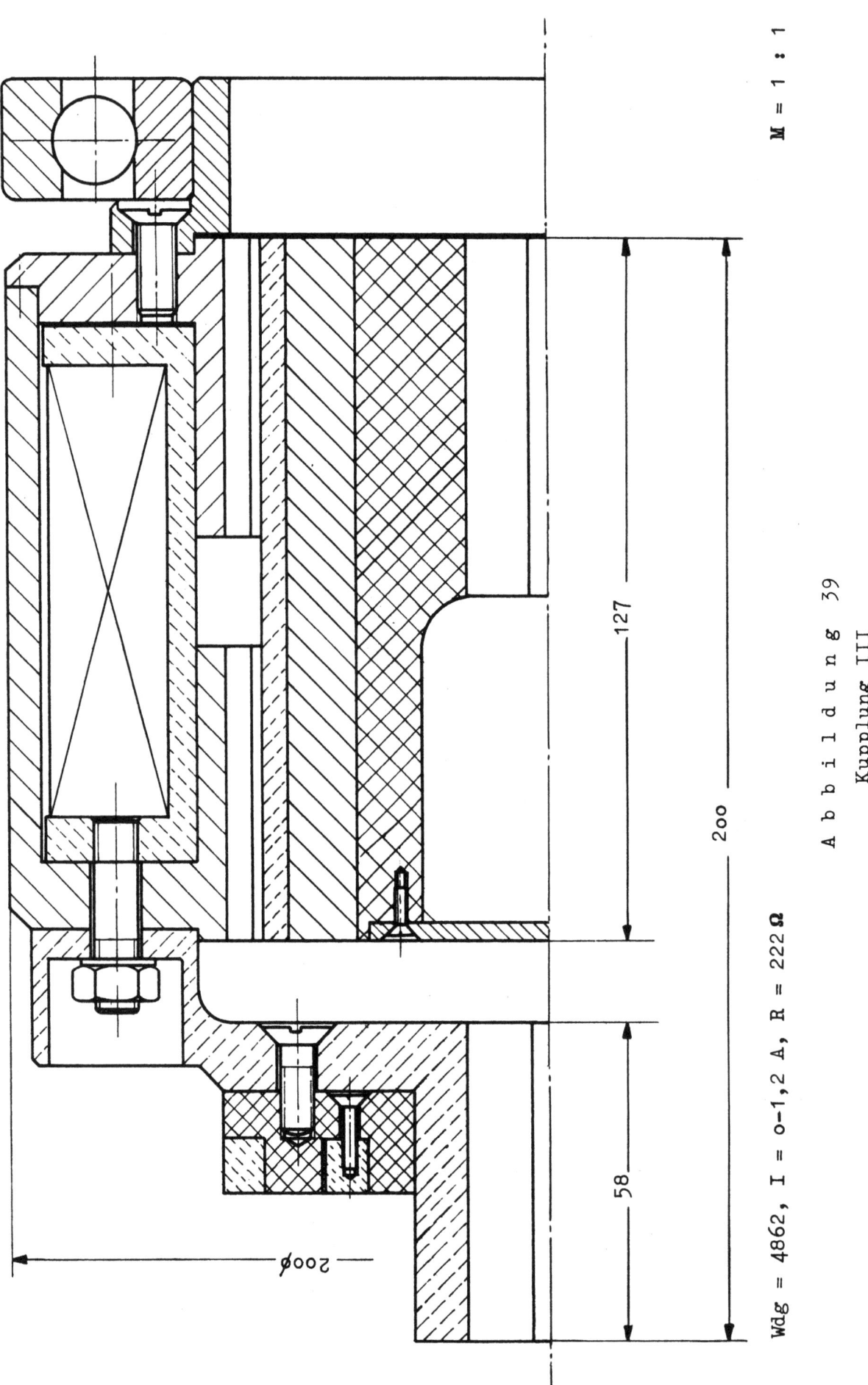

Abbildung 39
Kupplung III

Wdg = 4862, I = o-1,2 A, R = 222 Ω

Forschungsberichte des Wirtschafts- und Verkehrsministeriums Nordrhein-Westfalen

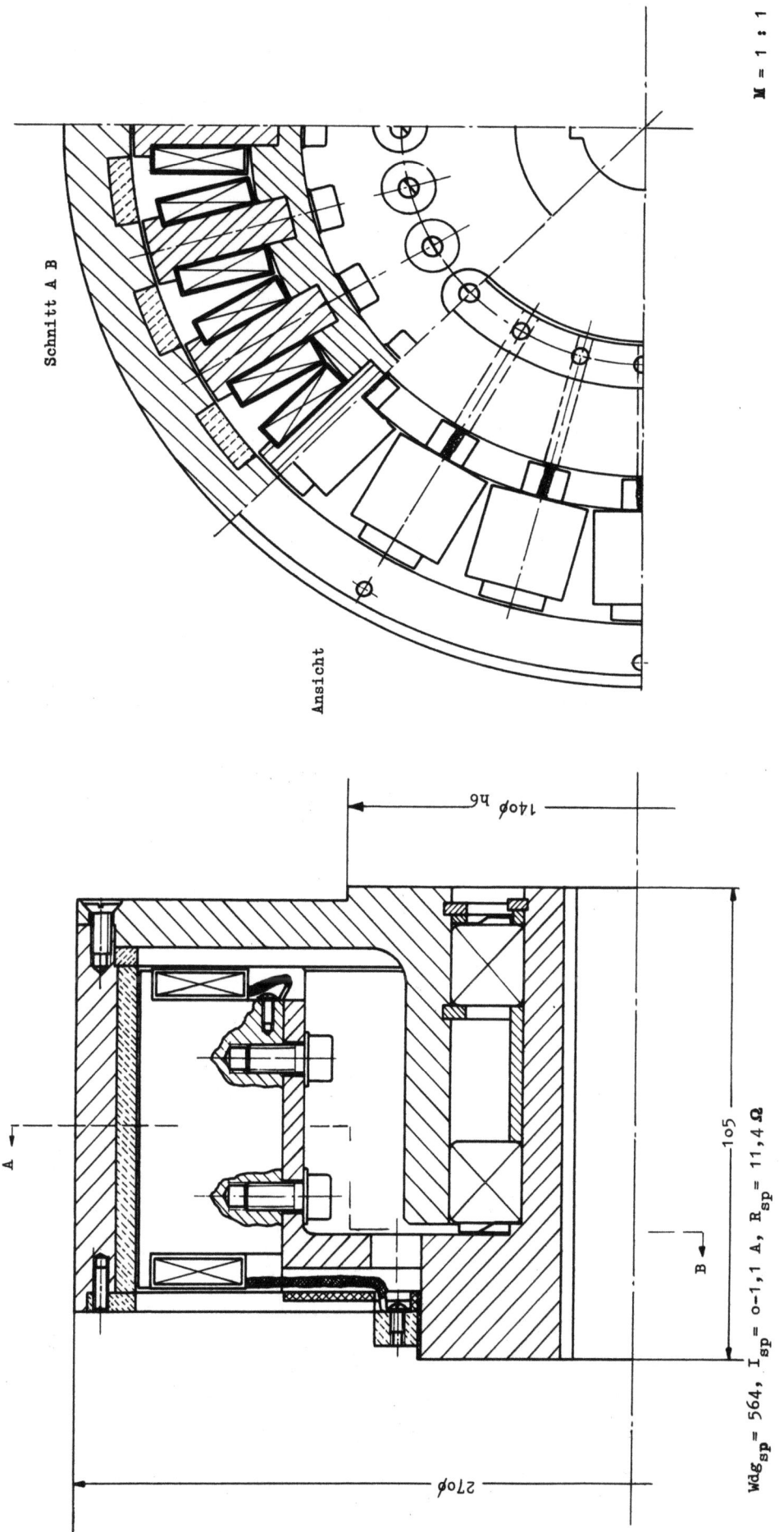

$Wdg_{sp} = 564$, $I_{sp} = 0{-}1{,}1$ A, $R_{sp} = 11{,}4\ \Omega$

Abbildung 40
Kupplung IV

Seite 55

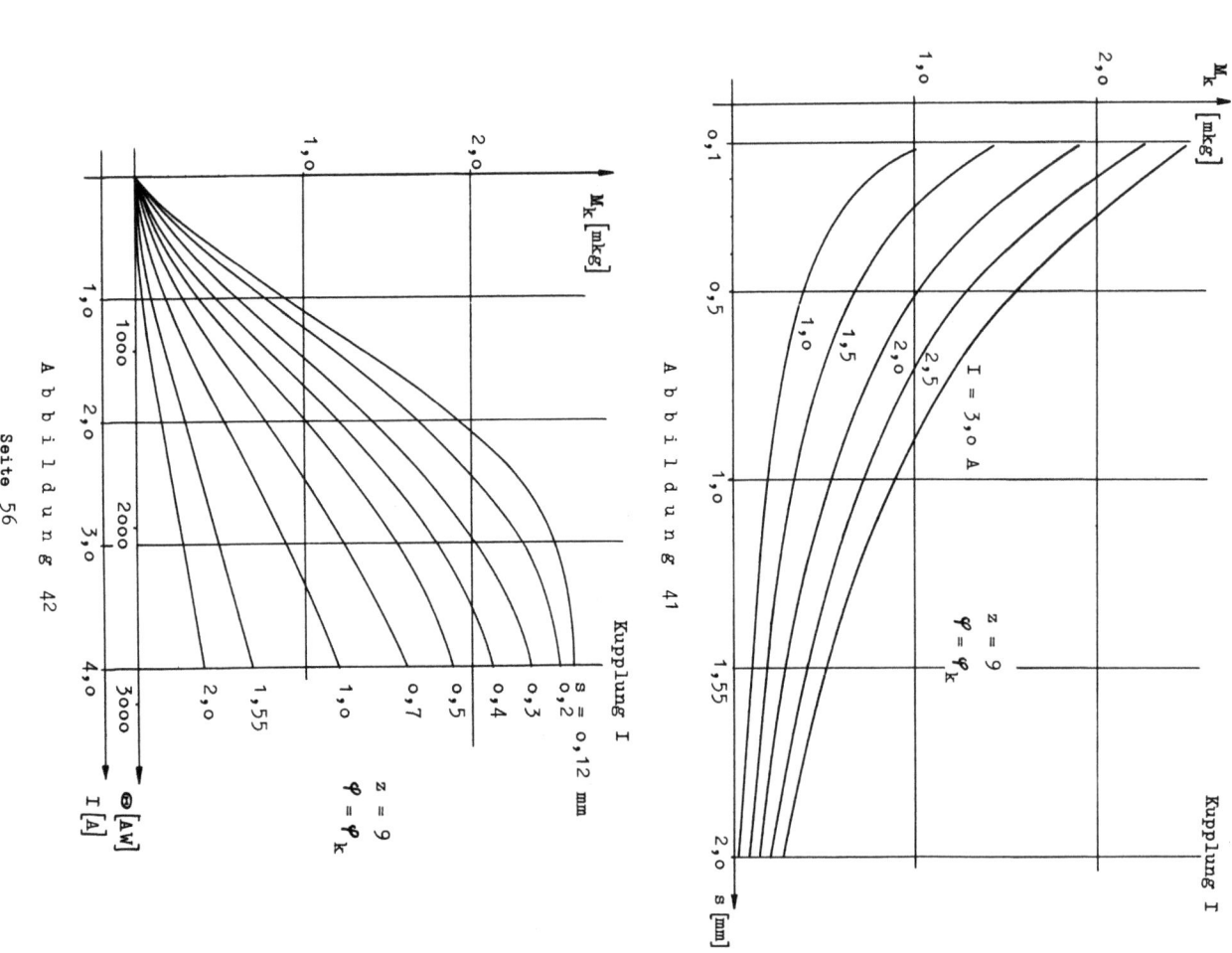

Abbildung 41

Abbildung 42

Forschungsberichte des Wirtschafts- und Verkehrsministeriums Nordrhein-Westfalen

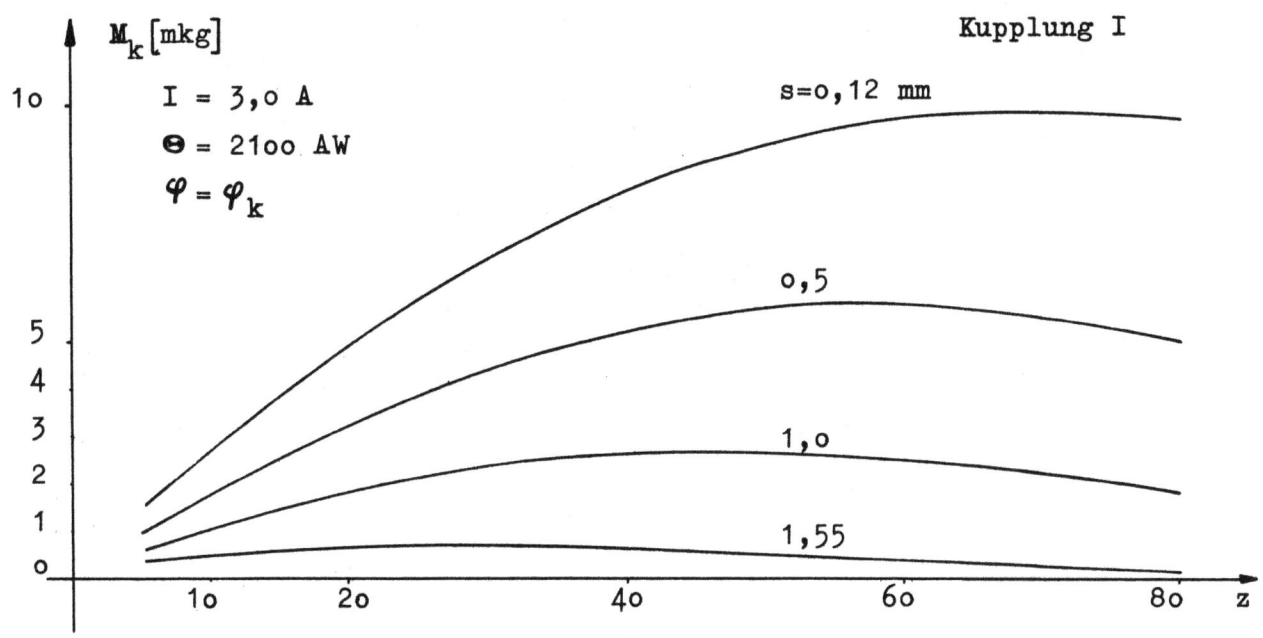

Abbildung 43

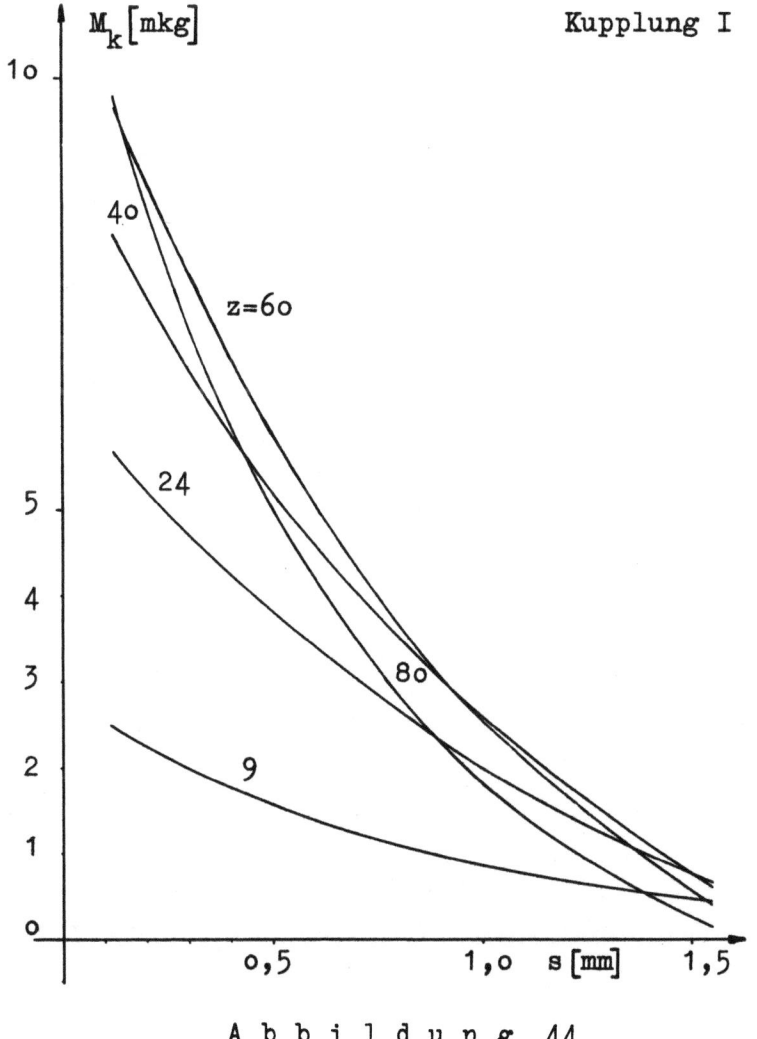

Abbildung 44

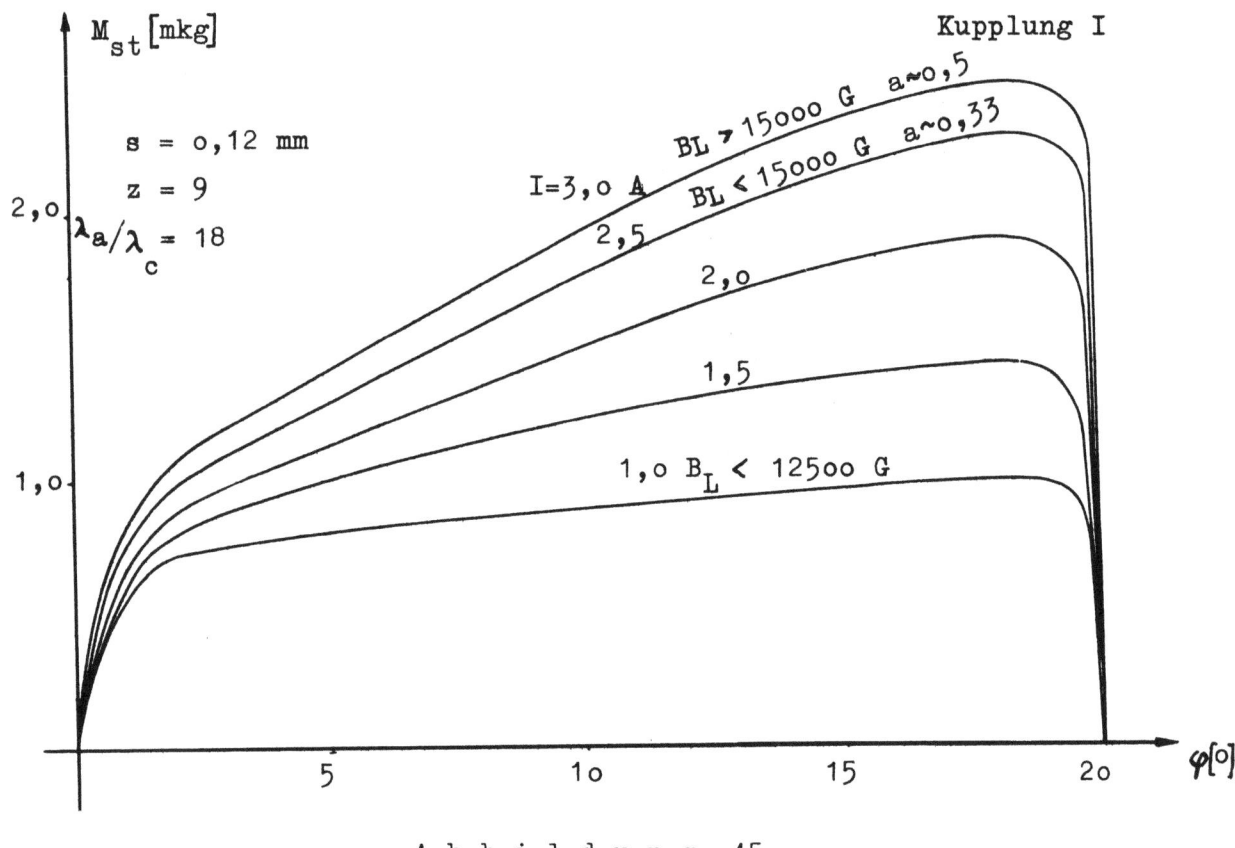

Abbildung 45

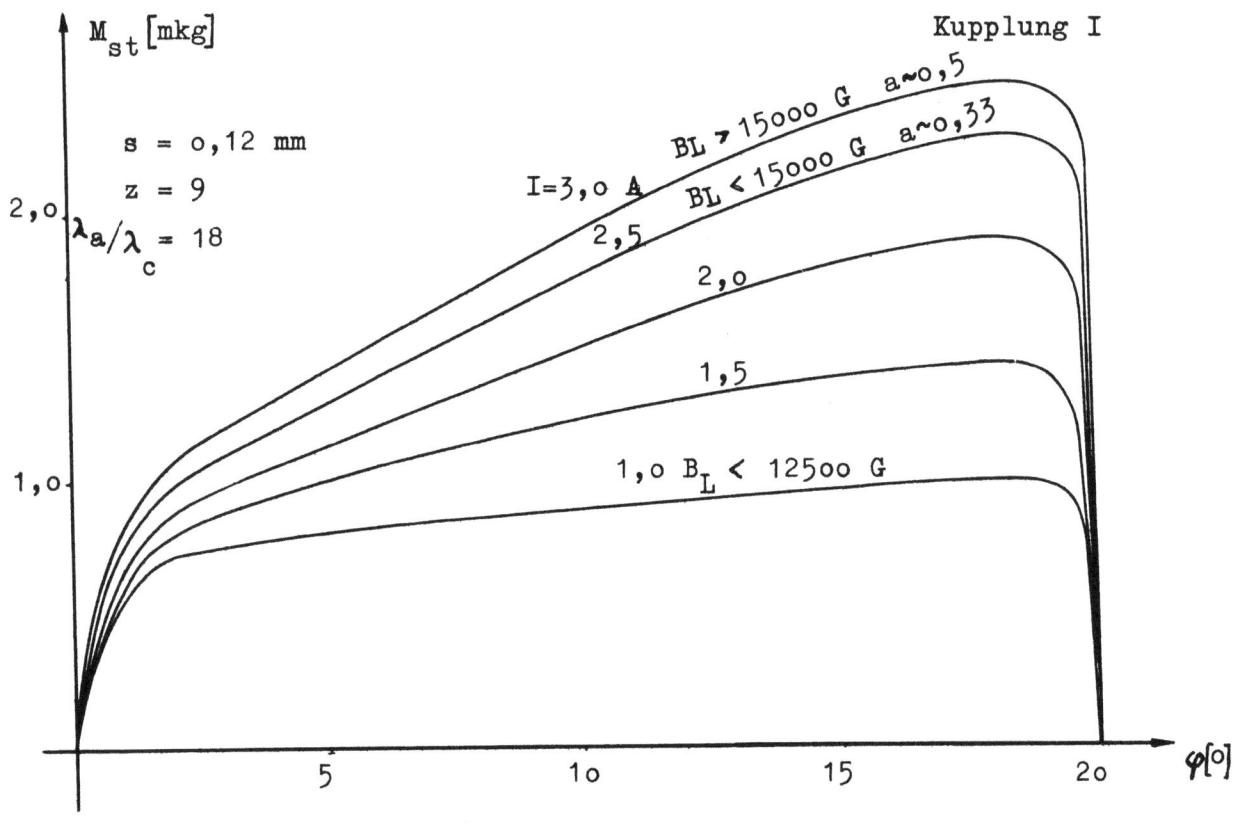

Abbildung 46

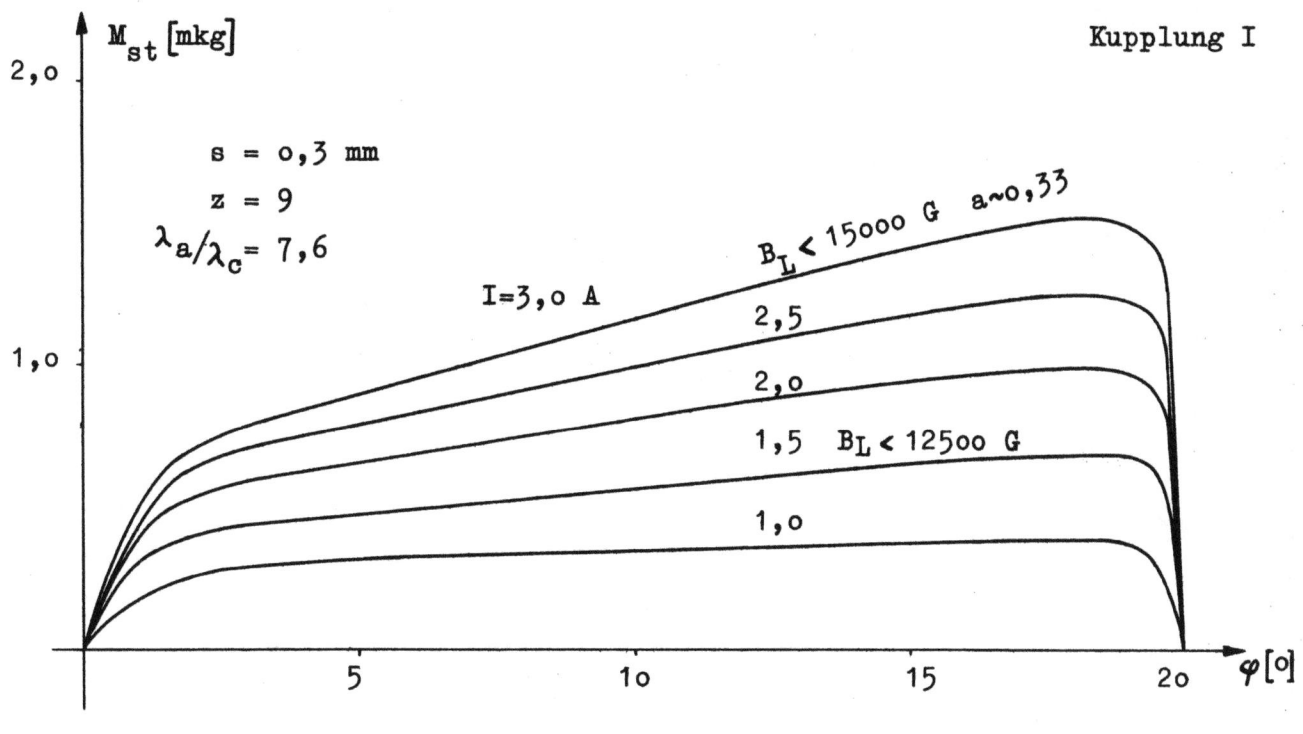

Abbildung 47

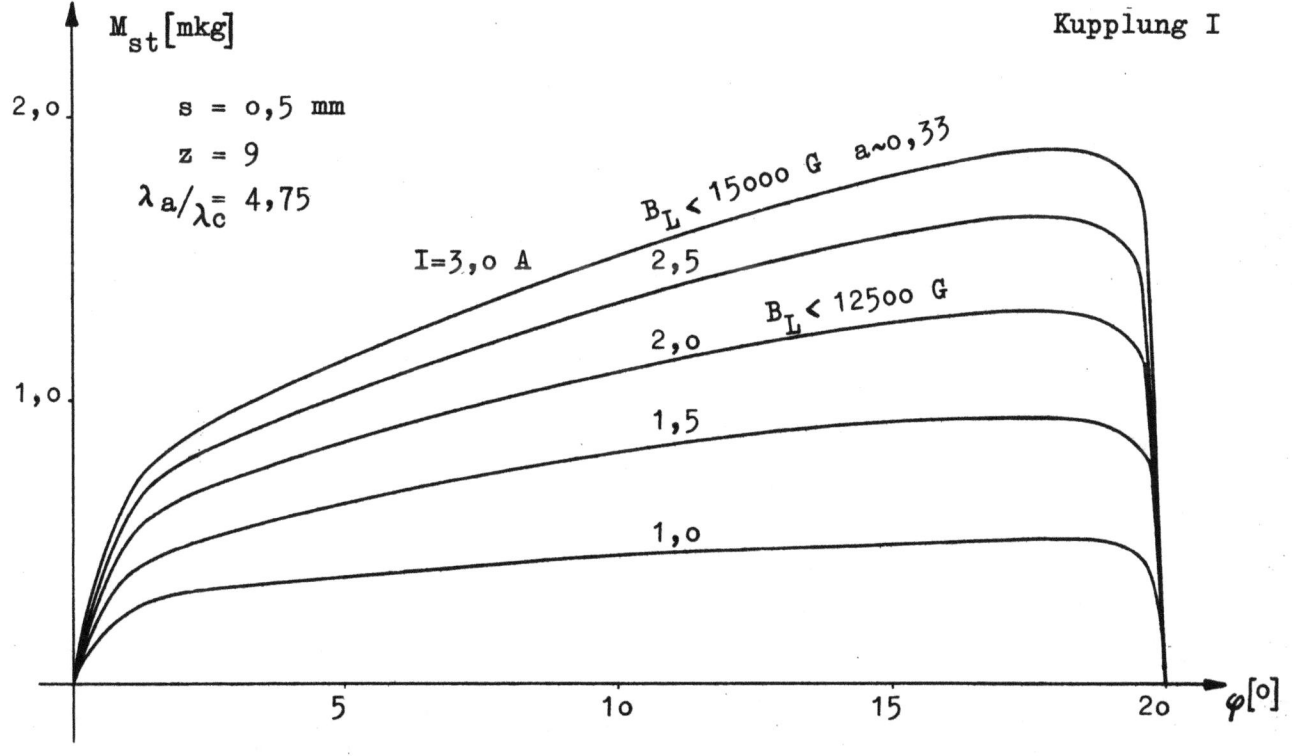

Abbildung 48

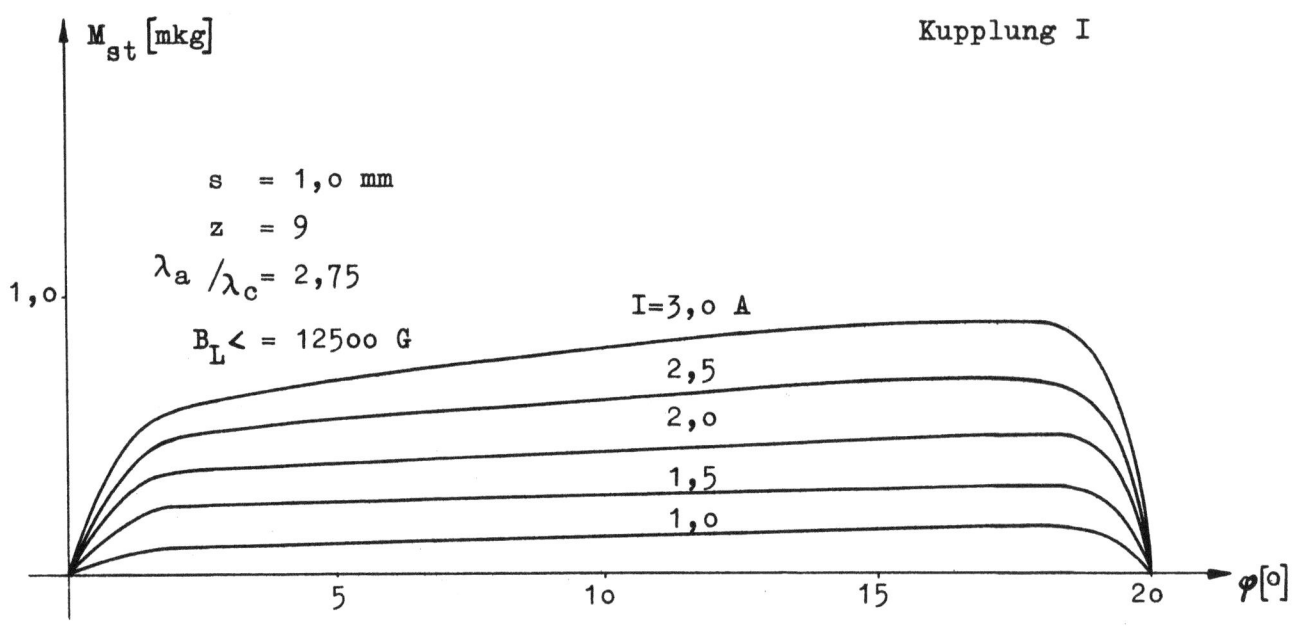

Abbildung 49

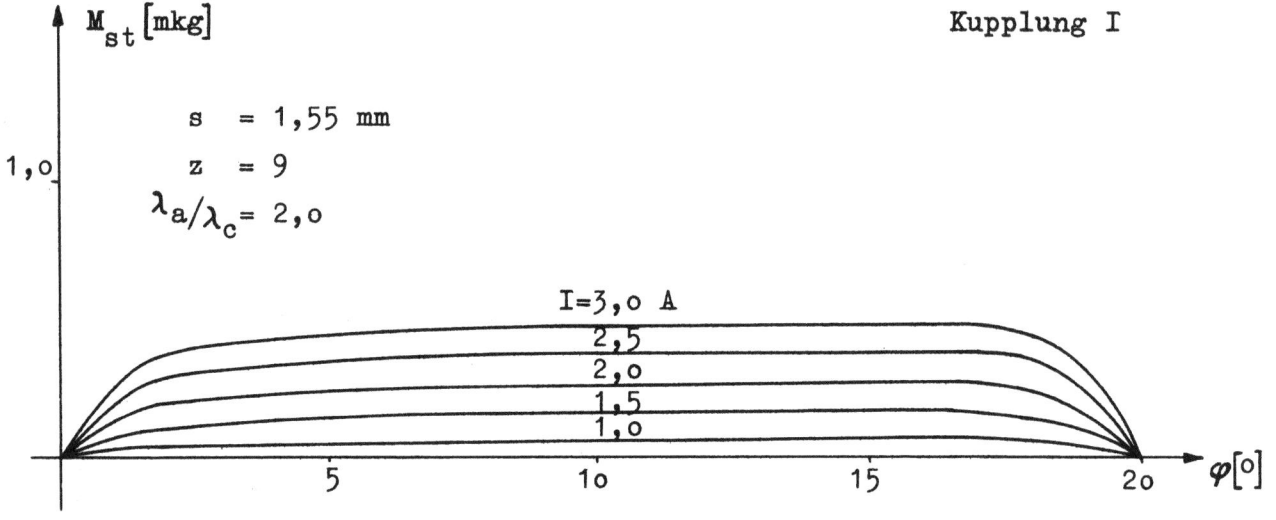

Abbildung 50

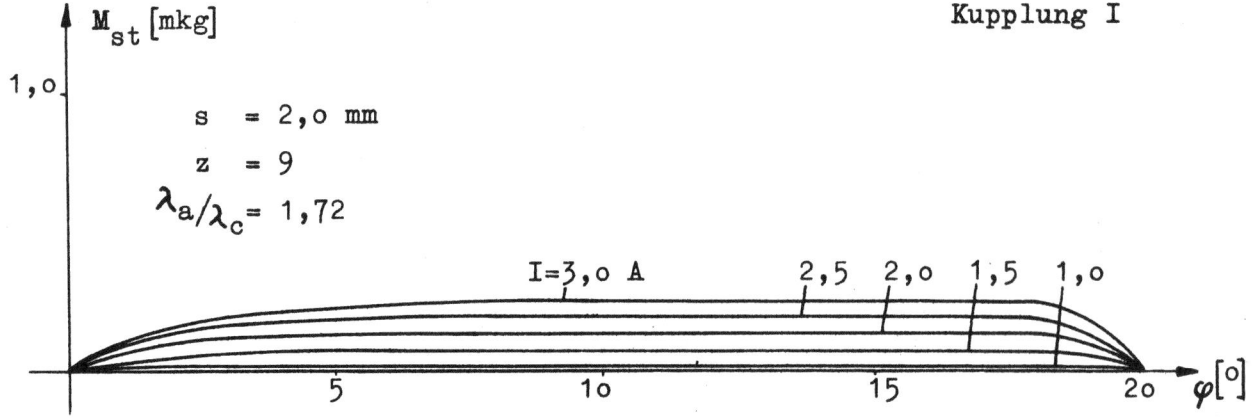

Abbildung 51

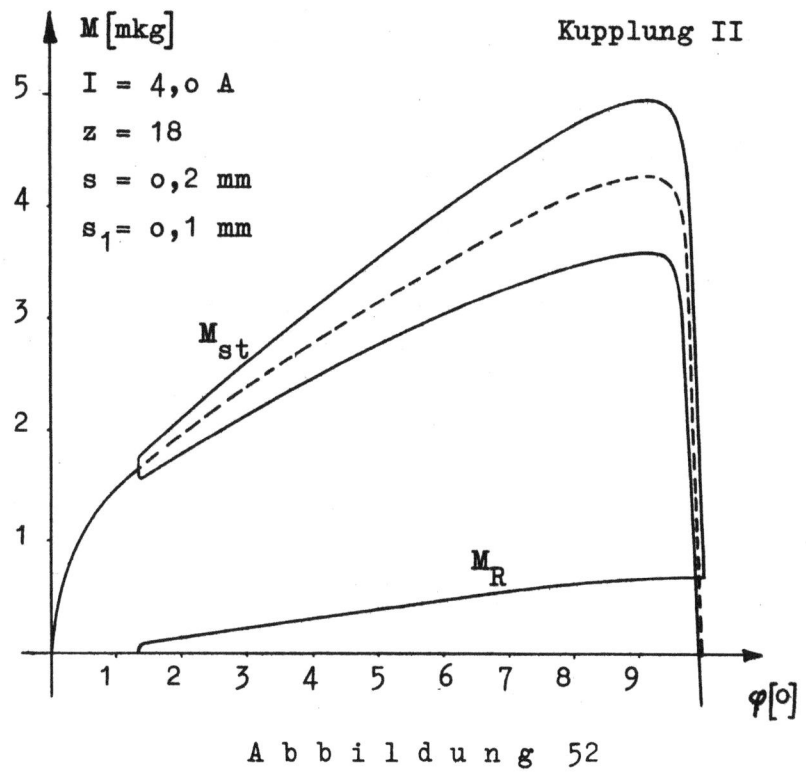

Abbildung 52

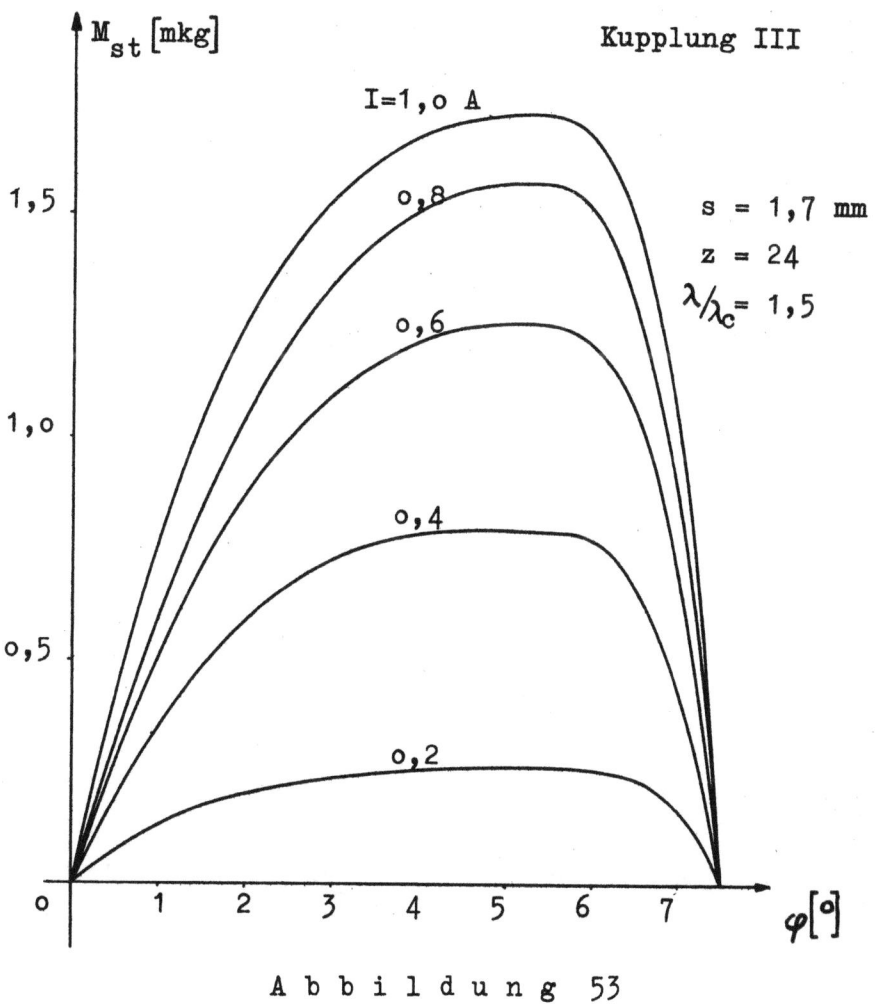

Abbildung 53

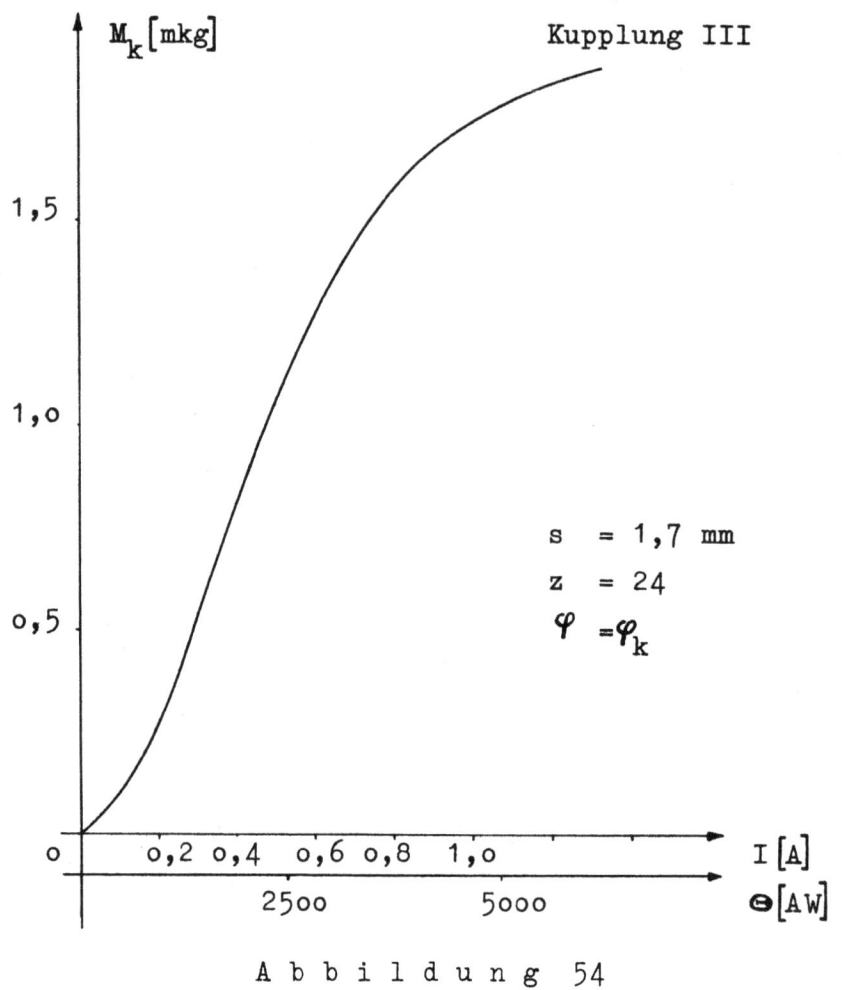

Abbildung 54

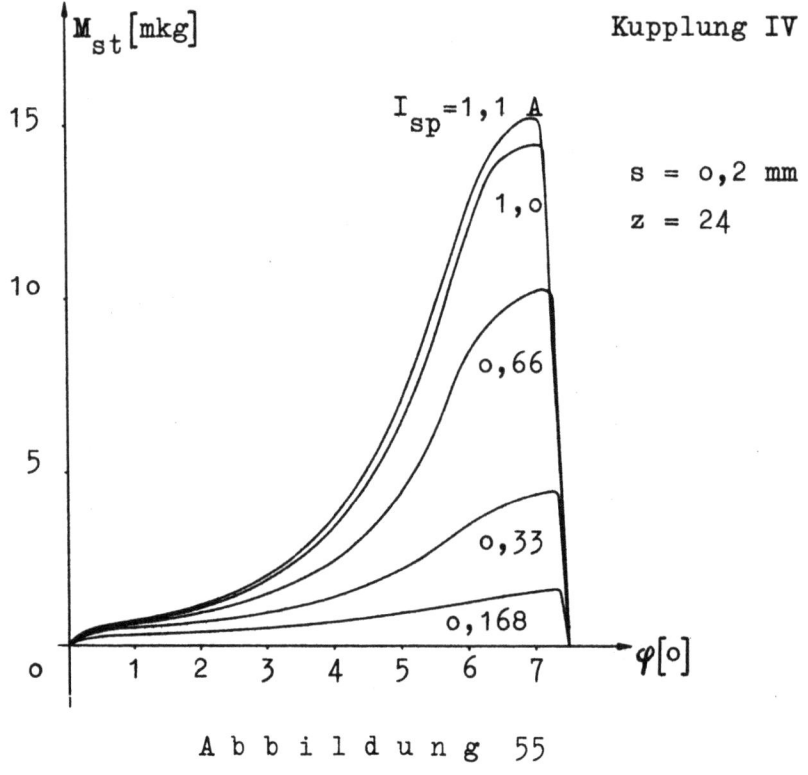

Abbildung 55

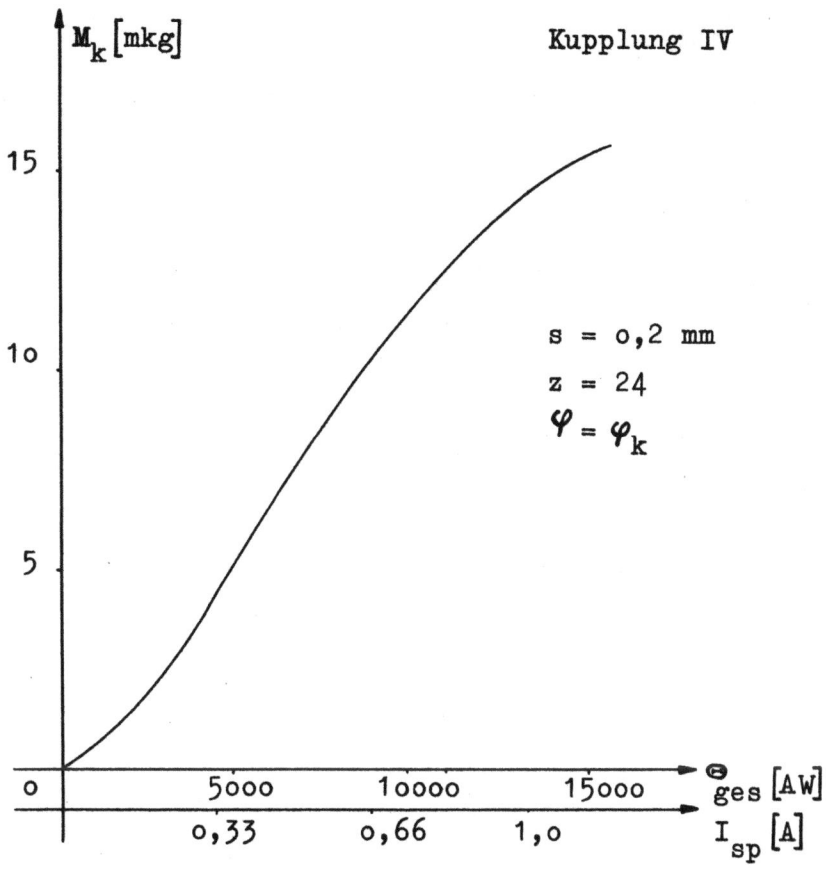

Abbildung 56

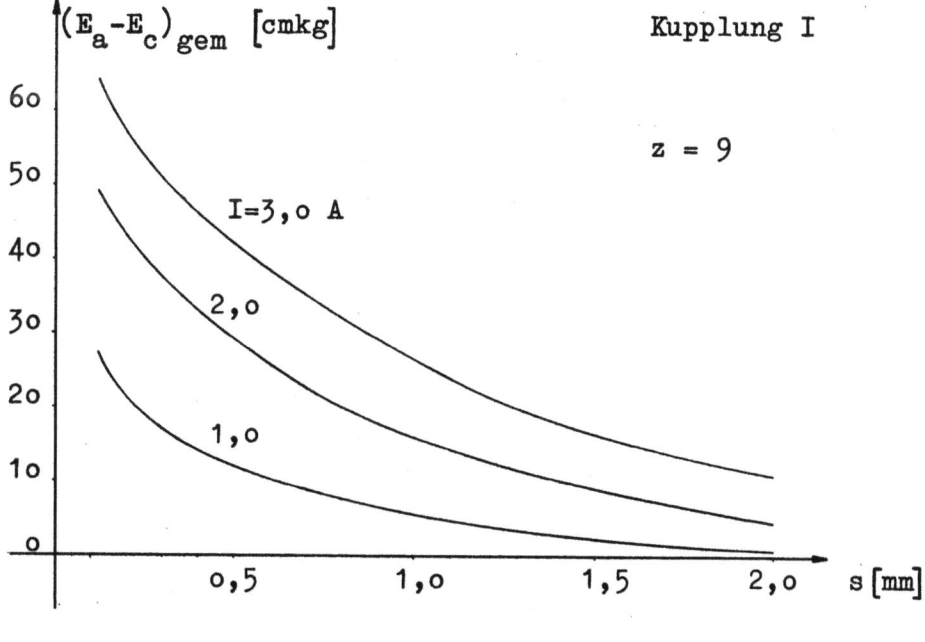

Abbildung 57

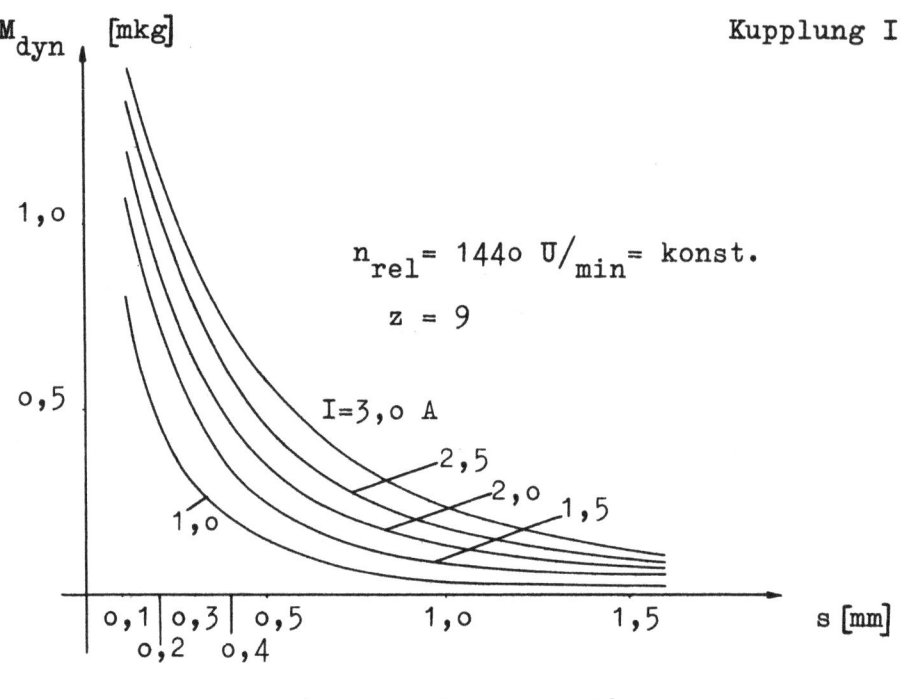

Abbildung 58

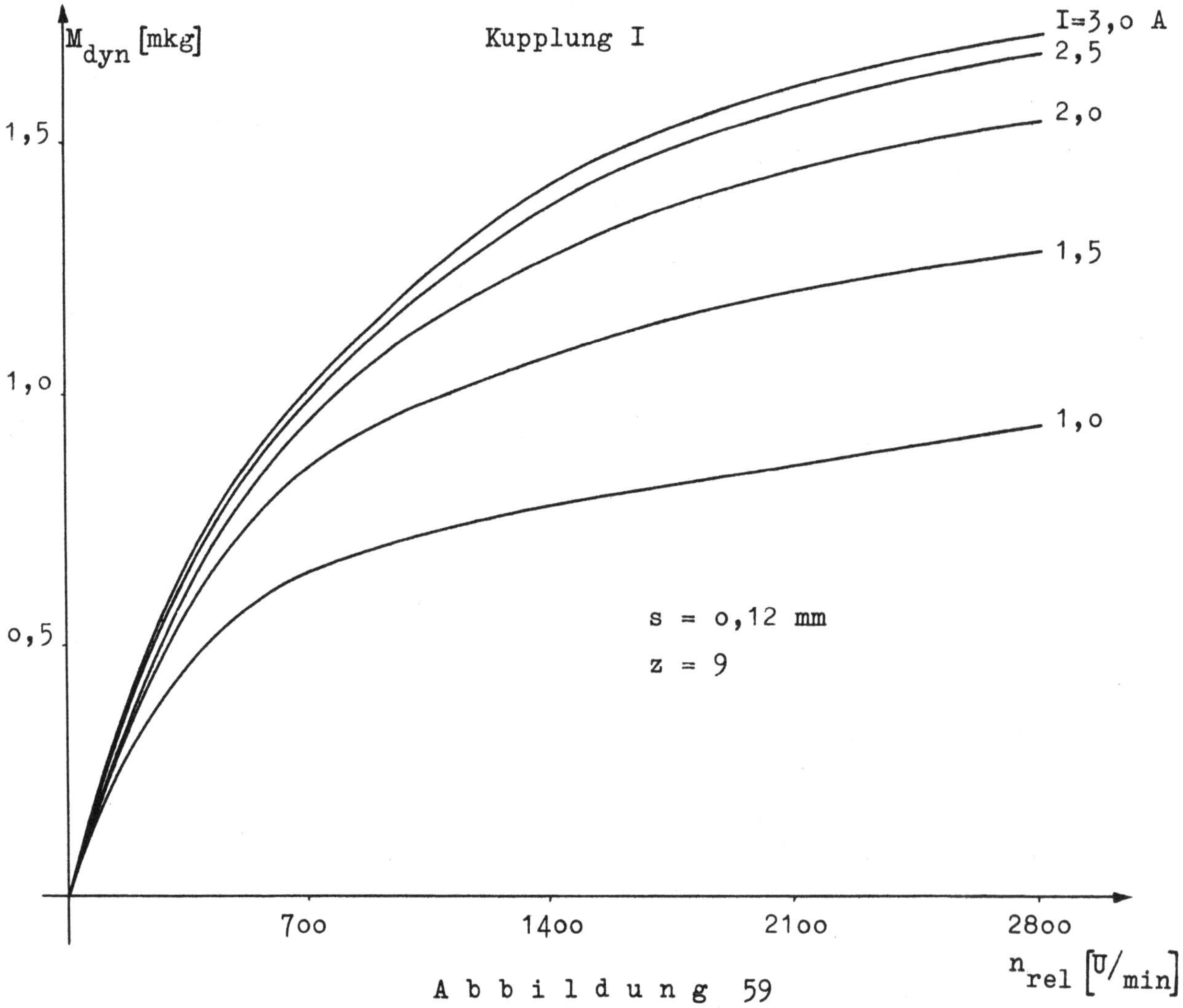

Abbildung 59

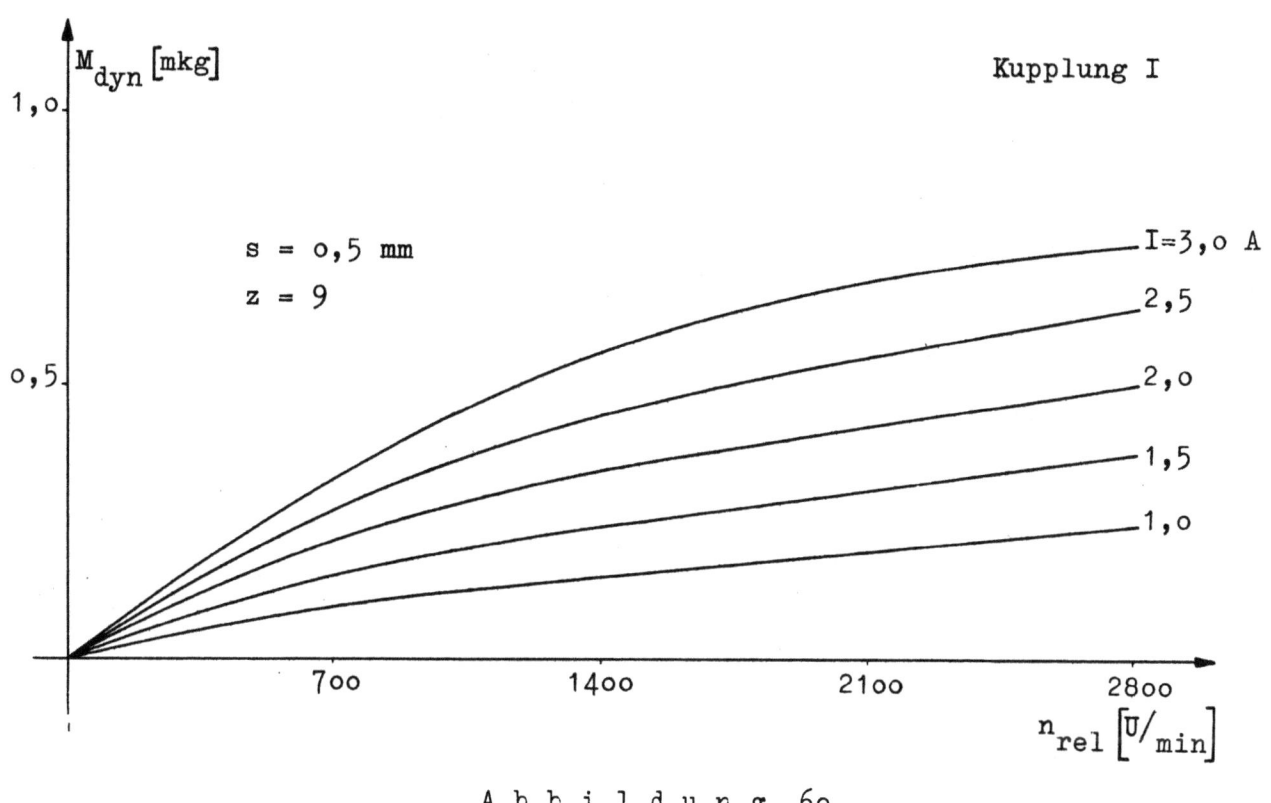

Abbildung 60

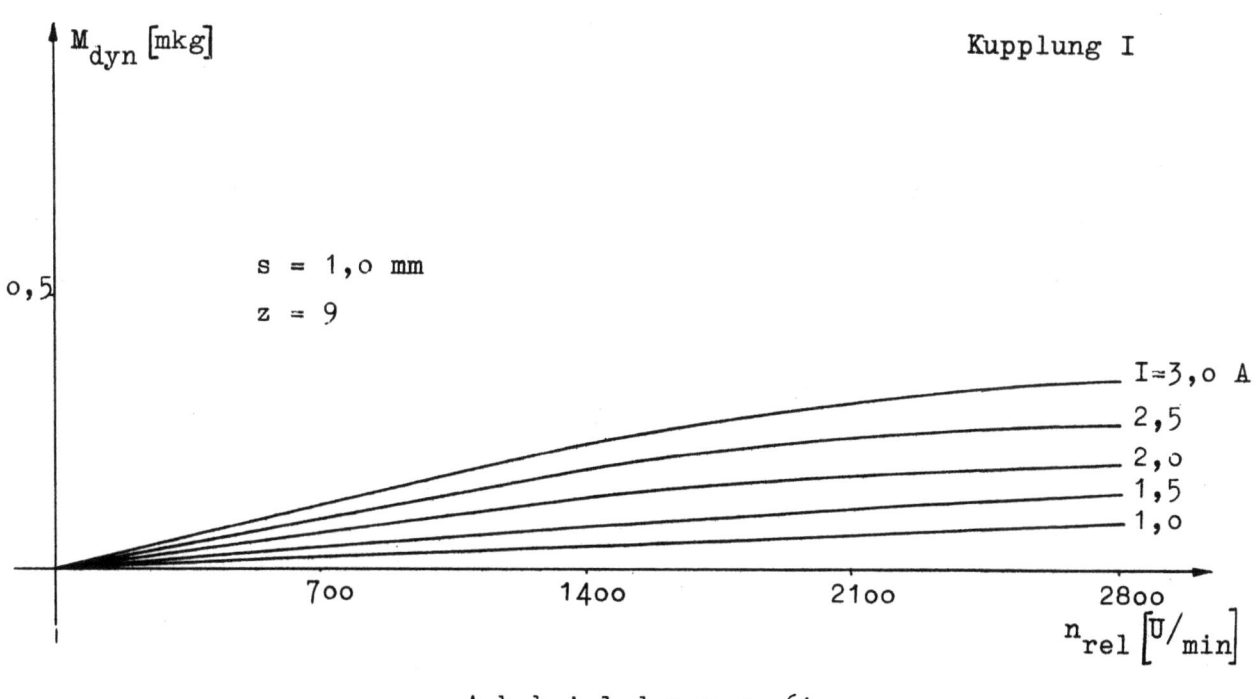

Abbildung 61

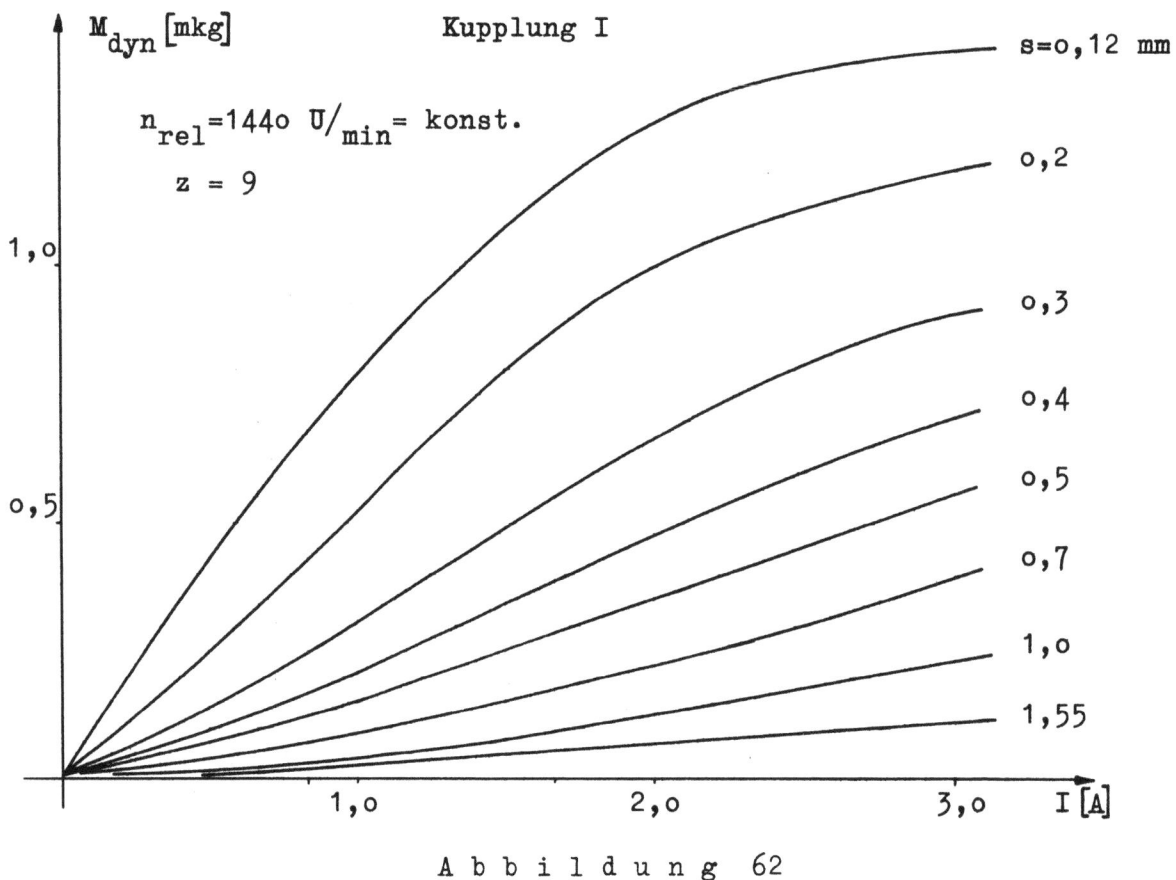

Abbildung 62

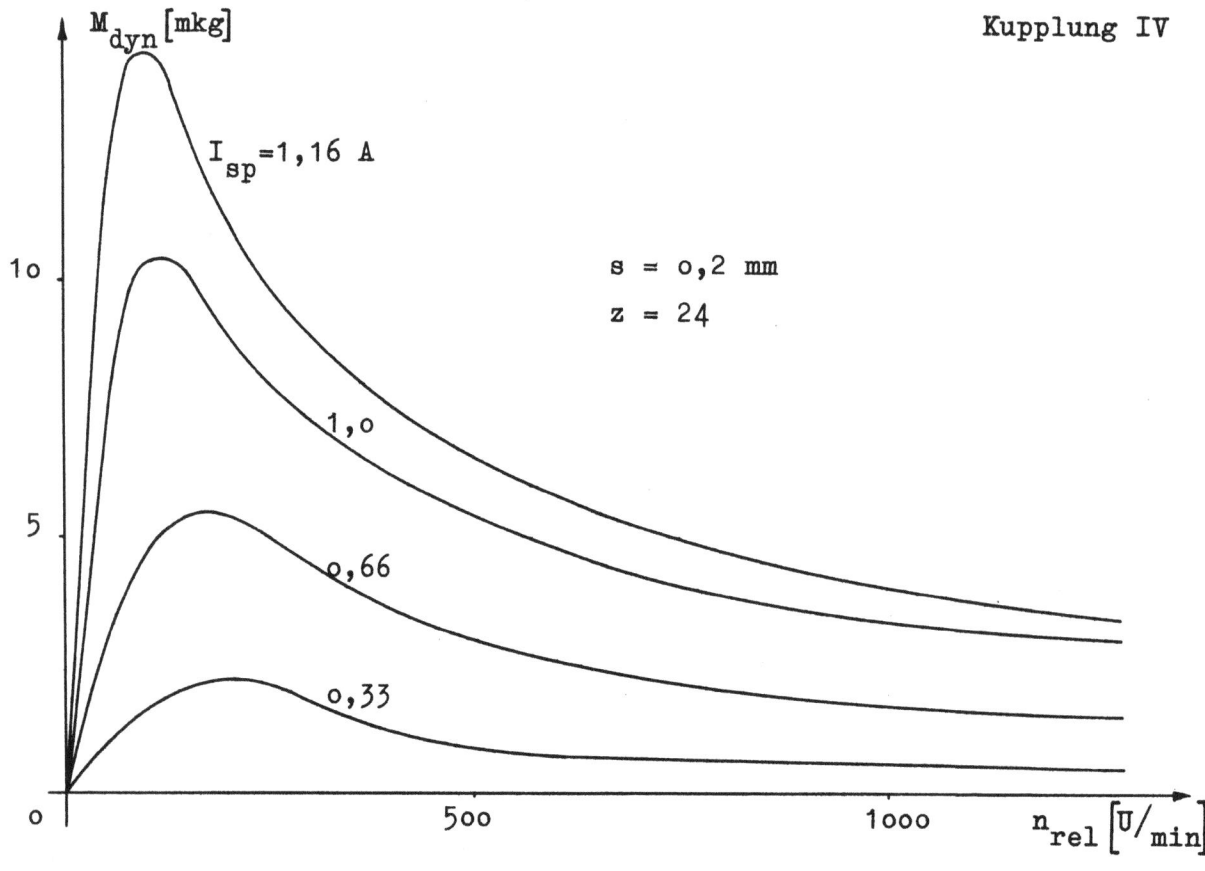

Abbildung 63

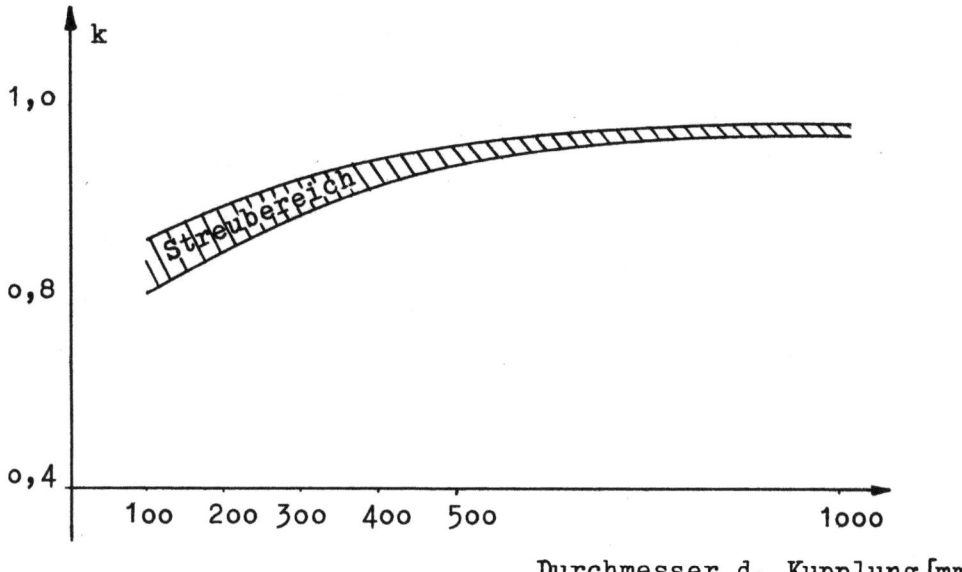

Abbildung 64

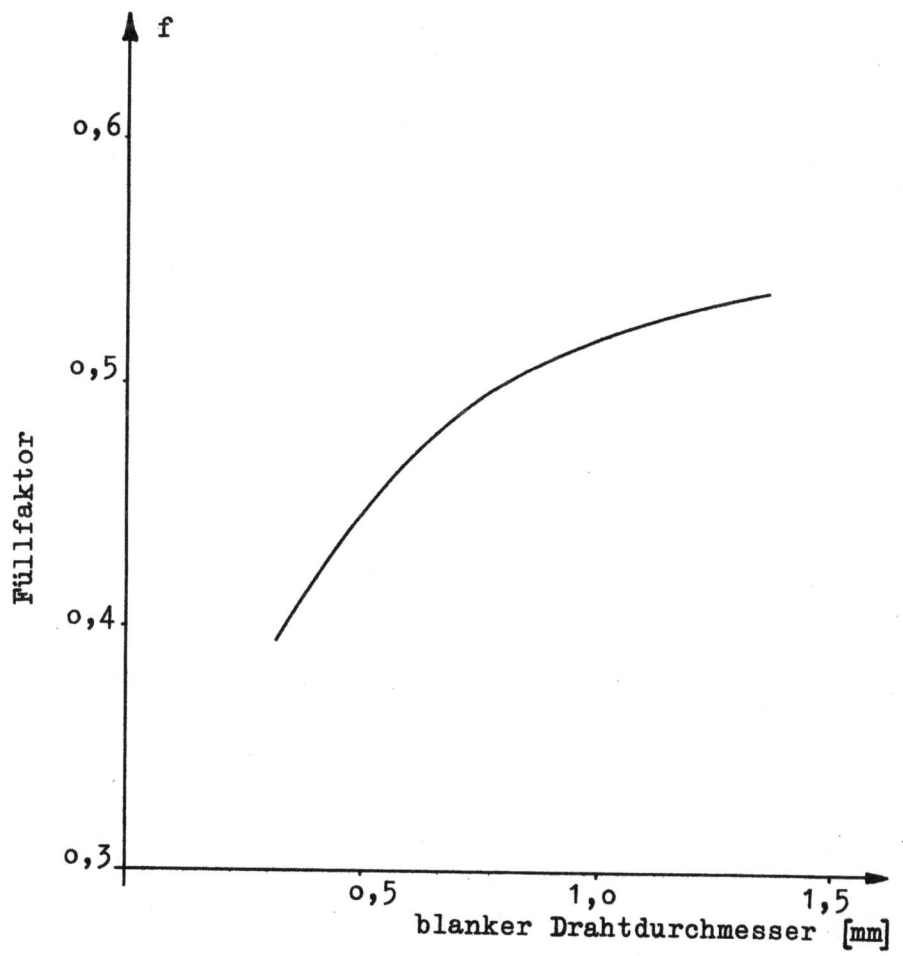

Abbildung 65

Seite 67

Forschungsberichte des Wirtschafts- und Verkehrsministeriums Nordrhein-Westfalen

IX. Verzeichnis der Bezeichnungen

A_m	Mechanische Arbeit	n_{rel}	Relativdrehzahl
A_e	Elektrische Arbeit	p	Polabstand
a	Index für Stellung a in Abbildung 2	Q	Wärmemenge
B_i	Induktion an Stelle i	R	Ohmscher Widerstand, Resultierende Zugkraft
B_L	Induktion im Luftspalt	R_m	Magnetischer Widerstand
C	Drehsteifigkeit, Konstante	R_u	Umfangkraft
c	Index für Stellung c in Abbildung 2	R_{uk}	Max. Umfangkraft, Kippkraft
D	Mittlerer Luftspaltdurchmesser	s	Stromdichte, radiale Luftspaltdicke
$E_a - E_c$	Arbeit der magnetischen Kräfte	t	Zeit
		U	Spannung
F_L	Luftspaltfläche	u	Augenblickswert der Spannung
F_O	Spulenoberfläche	th	Index für theoretisch
F_{sp}	Spulenfläche	V	Magnetische Spannung, Verluste
f	Füllfaktor		
gem	Index für gemessen	W	Energie
H	Magnetische Feldstärke	W_m	Magnetische Energie
I	Stromstärke	w	Index für wirksam, Windungszahl
i	Augenblickswert der Stromstärke	x	Verdrehungsweg am Umfang des Luftspaltes
k	Gütegrad, Konstante		
l	Kraftlinienlänge	z	Zähnezahl, Polzahl
l_m	Mittlere Windungslänge	Θ_E	Durchflutungsbedarf des Eisens
M	Magnetpol		
M_{dyn}	Dynamisches Drehmoment	Θ_{ges}	Gesamte Durchflutung
M_K	Max. statisches Drehmoment, Kippmoment	Θ_L	Durchflutungsbedarf des Luftspaltes
M_R	Reibungsmoment	$\mathcal{H}$	Spezifischer Leitwert
M_{st}	Statisches Drehmoment	λ	Magnetischer Leitwert der gesamten Luftwege
M_{stm}	Mittleres statisches Drehmoment	ϕ	Magnetischer Fluß
m	Polbreite, Zahnbreite	φ	Verdrehungswinkel zwischen Ankerring und Spulenkörper
n	axiale Zahnlänge	ψ	Gesamter magnetischer Fluß

X. Literaturverzeichnis

RICHTER, Rudolf	Elektrische Maschinen, Band 1; Birkhäuser, Basel 1951
OLLENDORF, Franz	Berechnung magnetischer Felder; Springer, Wien 1952
LEHMANN, Th.	Graphische Methode zur Bestimmung des Kraftlinienverlaufs; ETZ 1909, Heft 42 S. 995
KESSELRING, F.	Theoretische Grundlagen zur Berechnung der Schaltgeräte; Walter de Gruyter & Co, Berlin 1950
ALTMANN, F.	Quer- und winkelbewegliche Wellenkupplungen; VDI 1936, Heft 9
KÜPFMÜLLER, K.	Einführung in die theoretische Elektrotechnik; Springer Berlin

FORSCHUNGSBERICHTE
DES WIRTSCHAFTS- UND VERKEHRSMINISTERIUMS
NORDRHEIN-WESTFALEN

Herausgegeben von Staatssekretär Prof. Leo Brandt

Heft 1:
Prof. Dr.-Ing. E. Flegler, Aachen
Untersuchungen oxydischer Ferromagnet-Werkstoffe

Heft 2:
Prof. Dr. W. Fuchs, Aachen
Untersuchungen über absatzfreie Teeröle

Heft 3:
Techn.-Wissenschaftl. Büro für die Bastfaserindustrie, Bielefeld
Untersuchungsarbeiten zur Verbesserung des Leinenwebstuhls

Heft 4:
Prof. Dr. E. A. Müller und Dipl.-Ing. H. Spitzer, Dortmund
Untersuchungen über die Hitzebelastung in Hüttebetrieben

Heft 5:
Dipl.-Ing. W. Fister, Aachen
Prüfstand der Turbinenuntersuchungen

Heft 6:
Prof. Dr. W. Fuchs, Aachen
Untersuchungen über die Zusammensetzung und Verwendbarkeit von Schwelteerfraktionen

Heft 7:
Prof. Dr. W. Fuchs, Aachen
Untersuchungen über emsländisches Petrolatum

Heft 8:
M. E. Meffert und H. Stratmann, Essen
Algen-Großkulturen im Sommer 1951

Heft 9:
Techn.-Wissenschaftl. Büro für die Bastfaserindustrie, Bielefeld
Untersuchungen über die zweckmäßige Wicklungsart von Leinengarnkreuzspulen unter Berücksichtigung der Anwendung hoher Geschwindigkeiten des Garnes
Vorversuche für Zetteln und Schären von Leinengarnen auf Hochleistungsmaschinen

Heft 10:
Prof. Dr. W. Vogel, Köln
„Das Streifenpaar" als neues System zur mechanischen Vergrößerung kleiner Verschiebungen und seine technischen Anwendungsmöglichkeiten

Heft 11:
Laboratorium für Werkzeugmaschinen und Betriebslehre, Technische Hochschule Aachen
1. Untersuchungen über Metallbearbeitung im Fräsvorgang mit Hartmetallwerkzeugen und negativem Spanwinkel
2. Weiterentwicklung des Schleifverfahrens für die Herstellung von Präzisionswerkstücken unter Vermeidung hoher Temperaturen
3. Untersuchung von Oberflächenveredlungsverfahren zur Steigerung der Belastbarkeit hochbeanspruchter Bauteile

Heft 12:
Elektrowärme-Institut, Langenberg (Rhld.)
Induktive Erwärmung mit Netzfrequenz

Heft 13:
Techn.-Wissenschaftl. Büro für die Bastfaserindustrie, Bielefeld
Das Naßspinnen von Bastfasergarnen mit chemischen Zusätzen zum Spinnbad

Heft 14:
Forschungsstelle für Acetylen, Dortmund
Untersuchungen über Aceton als Lösungsmittel für Acetylen

Heft 15:
Wäschereiforschung Krefeld
Trocknen von Wäschestoffen

Heft 16:
Max-Planck-Institut für Kohlenforschung, Mülheim a. d. Ruhr
Arbeiten des MPI für Kohlenforschung

Heft 17:
Ingenieurbüro Herbert Stein, M. Gladbach
Untersuchung der Verzugsvorgänge in den Streckwerken verschiedener Spinnereimaschinen. 1. Bericht: Vergleichende Prüfung mit verschiedenen Dickenmeßgeräten

Heft 18:
Wäschereiforschung Krefeld
Grundlagen zur Erfassung der chemischen Schädigung beim Waschen

Heft 19:
Techn.-Wissenschaftl. Büro für die Bastfaserindustrie, Bielefeld
Die Auswirkung des Schlichtens von Leinengarnketten auf den Verarbeitungswirkungsgrad, sowie die Festigkeit und Dehnungsverhältnisse der Garne und Gewebe

Heft 20:
Techn.-Wissenschaftl. Büro für die Bastfaserindustrie, Bielefeld
Trocknung von Leinengarnen I
Vorgang und Einwirkung auf die Garnqualität

Heft 21:
Techn.-Wissenschaftl. Büro für die Bastfaserindustrie, Bielefeld
Trocknung von Leinengarnen II
Spulenanordnung und Luftführung beim Trocknen von Kreuzspulen

Heft 22:
Techn.-Wissenschaftl. Büro für die Bastfaserindustrie, Bielefeld
Die Reparaturanfälligkeit von Webstühlen

Heft 23:
Institut für Starkstromtechnik, Aachen
Rechnerische und experimentelle Untersuchungen zur Kenntnis der Metadyne als Umformer von konstanter Spannung auf konstanten Strom

Heft 24:
Institut für Starkstromtechnik, Aachen
Vergleich verschiedener Generator-Metadyne-Schaltungen in bezug auf statisches Verhalten

Heft 25:
Gesellschaft für Kohlentechnik mbH., Dortmund-Eving
Struktur der Steinkohlen und Steinkohlen-Kokse

Heft 26:
Techn.-Wissenschaftl. Büro für die Bastfaserindustrie, Bielefeld
Vergleichende Untersuchungen zweier neuzeitlicher Ungleichmäßigkeitsprüfer für Bänder und Garne hinsichtlich ihrer Eignung für die Bastfaserspinnerei

Heft 27:
Prof. Dr. E. Schratz, Münster
Untersuchungen zur Rentabilität des Arzneipflanzenanbaues
Römische Kamille, Anthemis nobilis L.

Heft 28:
Prof. Dr. E. Schratz, Münster
Calendula officinalis L. Studien zur Ernährung, Blütenfüllung und Rentabilität der Drogengewinnung Rentabilität der

Heft 29:
Techn.-Wissenschaftl. Büro für die Bastfaserindustrie, Bielefeld
Die Ausnützung der Leinengarne in Geweben

Heft 30:
Gesellschaft für Kohlentechnik mbH., Dortmung-Eving
Kombinierte Entaschung und Verschwelung von Steinkohle; Aufarbeitung von Steinkohlenschlämmen zu verkokbarer oder verschwelbarer Kohle

Heft 31:
Dipl.-Ing. Störmann, Essen
Messung des Leistungsbedarfs von Doppelsteg-Kettenförderern

Heft 32:
Techn.-Wissenschaftl. Büro für die Bastfaserindustrie, Bielefeld
Der Einfluß der Natriumchloridbleiche auf Qualität und Verwebbarkeit von Leinengarnen und die Eigenschaften der Leinengewebe unter besonderer Berücksichtigung des Einsatzes von Schützen- und Spulenwechselautomaten in der Leinenweberei

Heft 33:
Kohlenstoffbiologische Forschungsstation e. V.
Eine Methode zur Bestimmung von Schwefeldioxyd und Schwefelwasserstoff in Rauchgasen und in der Atmosphäre

Heft 34:
Textilforschungsanstalt Krefeld
Quellungs- und Entquellungsvorgänge bei Faserstoffen

Heft 35:
Professor Dr. W. Kast, Krefeld
Feinstrukturuntersuchungen an künstlichen Zellulosefasern verschiedener Herstellungsverfahren

Heft 36:
Forschungsinstitut der feuerfesten Industrie, Bonn
Untersuchungen über die Trocknung von Rohton
Untersuchungen über die chemische Reinigung von Silika- und Schamotte-Rohstoffen mit chlorhaltigen Gasen

Heft 37:
Forschungsinstitut der feuerfesten Industrie, Bonn
Untersuchungen über den Einfluß der Probenvorbereitung auf die Kaltdruckfestigkeit feuerfester Steine

Heft 38:
Forschungsstelle für Acetylen, Dortmund
Untersuchungen über die Trocknung von Acetylen zur Herstellung von Dissousgas

Heft 39:
Forschungsgesellschaft Blechverarbeitung e. V., Düsseldorf
Untersuchungen an prägegemusterten und vorgelochten Blechen

Heft 40:
Landesgeologe Dr.-Ing. W. Wolff, Amt für Bodenforschung, Krefeld
Untersuchungen über die Anwendbarkeit geophysikalischer Verfahren zur Untersuchung von Spateisengängen im Siegerland

Heft 41:
Techn.-Wissenschaftl. Büro für die Bastfaserindustrie, Bielefeld
Untersuchungsarbeiten zur Verbesserung des Leinenwebstuhles II

Heft 42:
Professor Dr. B. Helferich, Bonn
Untersuchungen über Wirkstoffe — Fermente — in der Kartoffel und die Möglichkeit ihrer Verwendung

Heft 43:
Forschungsgesellschaft Blechverarbeitung e. V., Düsseldorf
Forschungsergebnisse über das Beizen von Blechen

Heft 44:
Arbeitsgemeinschaft für praktische Dehnungsmessung, Düsseldorf
Eigenschaften und Anwendungen von Dehnungsmeßstreifen

Heft 45:
Losenhausenwerk Düsseldorfer Maschinenbau AG., Düsseldorf
Untersuchungen von störenden Einflüssen auf die Lastgrenzenanzeige von Dauerschwingprüfmaschinen

Heft 46:
Prof. Dr. W. Fuchs, Aachen
Untersuchungen über die Aufbereitung von Wasser für die Dampferzeugung in Benson-Kesseln

Heft 47:
Prof. Dr.-Ing. K. Krekeler, Aachen
Versuche über die Anwendung der induktiven Erwärmung zum Sintern von hochschmelzenden Metallen sowie zur Anlegierung und Vergütung von aufgespritzten Metallschichten mit dem Grundwerkstoff

Heft 48:
Max-Planck-Institut für Eisenforschung, Düsseldorf
Spektrochemische Analyse der Gefügebestandteile in Stählen nach ihrer Isolierung

Heft 49:
Max-Planck-Institut für Eisenforschung, Düsseldorf
Untersuchungen über Ablauf der Desoxydation und die Bildung von Einschlüssen in Stählen

Heft 50:
Max-Planck-Institut für Eisenforschung, Düsseldorf
Flammenspektralanalytische Untersuchung der Ferritzusammensetzung in Stählen

Heft 51:
Verein zur Förderung von Forschungs- und Entwicklungsarbeiten in der Werkzeugindustrie e. V., Remscheid
Untersuchungen an Kreissägeblättern für Holz, Fehler- und Spannungsprüfverfahren

Heft 52:
Forschungsstelle für Azetylen, Dortmund
Untersuchungen über den Umsatz bei der explosiblen Zersetzung von Azetylen
   a) Zersetzung von gasförmigem Azetylen,
   b) Zersetzung von an Silikagel adsorbiertem Azetylen

Heft 53:
Professor Dr.-Ing. H. Opitz, Aachen
Reibwert- und Verschleißmessungen an Kunststoffgleitführungen für Werkzeugmaschinen

Heft 54:
Professor Dr.-Ing. F. A. F. Schmidt, Aachen
Schaffung von Grundlagen für die Erhöhung der spez. Leistung und Herabsetzung des spez. Brennstoffverbrauches bei Ottomotoren mit Teilbericht über Arbeiten an einem neuen Einspritzverfahren

Heft 55:
Forschungsgesellschaft Blechverarbeitung e. V., Düsseldorf
Chemisches Glänzen von Messing und Neusilber

Heft 56:
Forschungsgesellschaft Blechverarbeitung e. V., Düsseldorf
Untersuchungen über einige Probleme der Behandlung von Blechoberflächen

Heft 57:
Prof. Dr.-Ing. F. A. F. Schmidt, Aachen
Untersuchungen zur Erforschung des Einflusses des chemischen Aufbaues des Kraftstoffes auf sein Verhalten im Motor und in Brennkammern von Gasturbinen

Heft 58:
Gesellschaft für Kohlentechnik m. b. H., Dortmund
Herstellung und Untersuchung von Steinkohlenschwelteer

Heft 59:
Forschungsinstitut der Feuerfest-Industrie e. V., Bonn
Ein Schnellanalysenverfahren zur Bestimmung von Aluminiumoxyd, Eisenoxyd und Titanoxyd in feuerfestem Material mittels organischer Farbreagenzien auf photometrischem Wege
Untersuchungen des Alkali-Gehaltes feuerfester Stoffe mit dem Flammenphotometer nach Riehm-Lange

Heft 60:
Forschungsgesellschaft Blechverarbeitung e. V., Düsseldorf
Untersuchungen über das Spritzlackieren im elektrostatischen Hochspannungsfeld

Heft 61:
Verein zur Förderung von Forschungs- und Entwicklungsarbeiten in der Werkzeugindustrie e. V., Remscheid
Schwingungs- und Arbeitsverhalten von Kreissägeblättern für Holz

Heft 62:
Professor Dr. W. Franz, Institut für theoretische Physik der Universität Münster
Berechnung des elektrischen Durchschlags durch feste und flüssige Isolatoren

Heft 63:
Textilforschungsanstalt Krefeld
Neue Methoden zur Untersuchung der Wirkungsweise von Textilhilfsmitteln
Untersuchungen über Schlichtungs- und Entschlichtungsvorgänge

Heft 64:
Textilforschungsanstalt Krefeld
Die Kettenlängenverteilung von hochpolymeren Faserstoffen
Über die fraktionierte Fällung von Polyamiden

Heft 65:
Fachverband Schneidwarenindustrie, Solingen
Untersuchungen über das elektrolytische Polieren von Tafelmesserklingen aus rostfreiem Stahl

Heft 66:
Dr.-Ing. P. Füsgen VDI †, Düsseldorf
Untersuchungen über das Auftreten des Ratterns bei selbsthemmenden Schneckengetrieben und seine Verhütung

Heft 67:
Heinrich Wösthoff o. H. G., Apparatebau, Bochum
Entwicklung einer chemisch-physikalischen Apparatur zur Bestimmung kleinster Kohlenoxyd-Konzentrationen

Heft 68:
Kohlenstoffbiologische Forschungsstation e. V., Essen
Algengroßkulturen im Sommer 1952
II. Über die unsterile Großkultur von Scenedesmus obliquus

Heft 69:
Wäschereiforschung Krefeld
Bestimmung des Faserabbaues bei Leinen unter besonderer Berücksichtigung der Leinengarnbleiche

Heft 70:
Wäschereiforschung Krefeld
Trocknen von Wäschestoffen

Heft 71:
Prof. Dr.-Ing. K. Leist, Aachen
Kleingasturbinen, insbesondere zum Fahrzeugantrieb

Heft 72:
Prof. Dr.-Ing. K. Leist, Aachen
Beitrag zur Untersuchung von stehenden geraden Turbinengittern mit Hilfe von Druckverteilungsmessungen

Heft 73:
Prof. Dr.-Ing. K. Leist, Aachen
Spannungsoptische Untersuchungen von Turbinenschaufelfüßen

Heft 74:
Max-Planck-Institut für Eisenforschung, Düsseldorf
Versuche zur Klärung des Umwandlungsverhaltens eines sonderkarbidbildenden Chromstahls

Heft 75:
Max-Planck-Institut für Eisenforschung, Düsseldorf
Zeit-Temperatur-Umwandlungs-Schaubilder als Grundlage der Wärmebehandlung der Stähle

Heft 76:
Max-Planck-Institut für Arbeitsphysiologie, Dortmund
Arbeitstechnische und arbeitsphysiologische Rationalisierung von Mauersteinen

Heft 77:
Meteor Apparatebau Paul Schmeck G. m. b H., Siegen
Entwicklung von Leuchtstoffröhren hoher Leistung

Heft 78:
Forschungsstelle für Acetylen, Dortmund
Über die Zustandsgleichung des gasförmigen Acetylens und das Gleichgewicht Acetylen — Aceton

Heft 79:
Techn.-Wissenschaftl. Büro für die Bastfaserindustrie, Bielefeld
Trocknung von Leinengarnen III
Spinnspulen- und Spinnkopstrocknung
Vorgang und Einwirkung auf die Garnqualität

Heft 80:
Techn.-Wissenschaftl. Büro für die Bastfaserindustrie, Bielefeld
Die Verarbeitung von Leinengarn auf Webstühlen mit und ohne Oberbau

Heft 81:
Prüf- und Forschungsinstitut für Ziegeleierzeugnisse, Essen-Kray
Die Einführung des großformatigen Einheits-Gitterziegels im Lande Nordrhein-Westfalen

Heft 82:
Vereinigte Aluminium-Werke AG., Bonn
Forschungsarbeiten auf dem Gebiet der Veredelung von Aluminium-Oberflächen

Heft 83:
Prof. Dr. S. Strugger, Münster
Über die Struktur der Proplastiden

Heft 84:
Dr. H. Baron, Düsseldorf
Über Standardisierung von Wundtextilien

Heft 85:
Textilforschungsanstalt Krefeld
Physikalische Untersuchungen an Fasern, Fäden, Garnen und Geweben:
Untersuchungen am Knickscheuergerät nach Weltzien

Heft 86:
Prof. Dr.-Ing. H. Opitz, Aachen
Untersuchungen über das Fräsen von Baustahl sowie über den Einfluß des Gefüges auf die Zerspanbarkeit

Heft 87:
Gemeinschaftsausschuß Verzinken, Düsseldorf
Untersuchungen über Güte von Verzinkungen

Heft 88:
Gesellschaft für Kohlentechnik mbH., Dortmund-Eving
Oxydation von Steinkohle mit Salpetersäure

Heft 89:
Verein Deutscher Ingenieure, Gleitlagerforschung, Düsseldorf und Prof. Dr.-Ing. G. Vogelpohl, Göttingen
Versuche mit Preßstoff-Lagern für Walzwerke

Heft 90:
Forschungs-Institut der Feuerfest-Industrie, Bonn
Das Verhalten von Silikasteinen im Siemens-Martin-Ofengewölbe

Heft 91:
Forschungs-Institut der Feuerfest-Industrie, Bonn
Untersuchungen des Zusammenhangs zwischen Leistung und Kohlenverbrauch von Kammeröfen zum Brennen von feuerfesten Materialien

Heft 92:
Techn.-Wissenschaftl. Büro für die Bastfaserindustrie, Bielefeld und Laboratorium für textile Meßtechnik, M.-Gladbach
Messungen von Vorgängen am Webstuhl

Heft 93:
Prof. Dr. W. Kast, Krefeld
Spinnversuche zur Strukturerfassung künstlicher Zellulosefasern

Heft 94:
Prof. Dr. G. Winter, Bonn
Die Heilpflanzen des MATTHIOLUS (1611) gegen Infektionen der Harnwege und Verunreinigung der Wunden bzw. zur Förderung der Wundheilung im Lichte der Antibiotikaforschung

Heft 95:
Prof. Dr. G. Winter, Bonn
Untersuchungen über die flüchtigen Antibiotika aus der Kapuziner- (Tropaeolum maius) und Gartenkresse (Lepidium sativum) und ihr Verhalten im menschlichen Körper bei Aufnahme von Kapuziner- bzw. Gartenkressensalat per os

Heft 96:
Dr.-Ing. P. Koch, Dortmund
Austritt von Exoelektronen aus Metalloberflächen unter Berücksichtigung der Verwendung des Effektes für die Materialprüfung

Heft 97:
Ing. H. Stein, Laboratorium für textile Meßtechnik, M.-Gladbach
Untersuchung der Verzugsvorgänge an den Streckwerken verschiedener Spinnereimaschinen
2. Bericht: Ermittlung der Haft-Gleiteigenschaften von Faserbändern und Vorgarnen

Heft 98:
Fachverband Gesenkschmieden, Hagen
Die Arbeitsgenauigkeit beim Gesenkschmieden unter Hämmern

Heft 99:
Prof. Dr.-Ing. G. Garbotz, Aachen
Der Kraft- und Arbeitsaufwand sowie die Leistungen beim Biegen von Bewehrungsstählen in Abhängigkeit von den Abmessungen, den Formen und der Güte der Stähle (Ermittlung von Leistungsrichtlinien)

Heft 100:
Prof. Dr.-Ing. H. Opitz, Aachen
Untersuchungen von elektrischen Antrieben, Steuerungen und Regelungen an Werkzeugmaschinen

Heft 101:
Prof. Dr.-Ing. H. Opitz, Aachen
Wirtschaftlichkeitsbetrachtungen beim Außenrundschleifen

Heft 102:
Dr. P. Hölemann, Ing. R. Hasselmann und Ing. G. Dix, Dortmund
Untersuchungen über die thermische Zündung von explosiblen Acetylenzersetzungen in Kapillaren

Heft 103:
Prof. Dr. W. Weizel, Bonn
Durchführung von experimentellen Untersuchungen über den zeitlichen Ablauf von Funken in komprimierten Edelgasen sowie zu deren mathematischen Berechnung

Heft 104:
Prof. Dr. W. Weizel, Bonn
Über den Einfluß der Elektroden auf die Eigenschaften von Cadmium-Sulfid-Widerstands-Photozellen

Heft 105:
Dr.-Ing. R. Meldau, Harsewinkel/Westf.
Auswertung von Gekörn — Analysen des Musterstaubes „Flugasche Fortuna I"

Heft 106:
ORR. Dr.-Ing. W. Küch, Dortmund
Untersuchungen über die Einwirkung von feuchtigkeitsgesättigter Luft auf die Festigkeit von Leimverbindungen

Heft 107:
Prof. Dr. H. Lange und Dipl.-Phys. P. St. Pütter, Köln
Über die Konstruktion von Laboratoriumsmagneten

Heft 108:
Prof. Dr. W. Fuchs, Aachen
Untersuchungen über neue Beizmethoden und Beizabwässer
I. Die Entzunderung von Drähten mit Natriumhydrid
II. Die Aufbereitung von Beizabwässern

Heft 109:
Dr. P. Hölemann und Ing. R. Hasselmann, Dortmund
Untersuchungen über die Löslichkeit von Azetylen in verschiedenen organischen Lösungsmitteln

Heft 110:
Dr. P. Hölemann und Ing. R. Hasselmann, Dortmund
Untersuchungen über den Druckverlauf bei der explosiblen Zersetzung von gasförmigem Azetylen

Heft 111:
Fachverband Steinzeugindustrie, Köln
Die Entwicklung eines Gerätes zur Beschickung seitlicher Feuer von Steinzeug-Einzelkammeröfen mit festen Brennstoffen

Heft 112:
Prof. Dr.-Ing. H. Opitz, Aachen
Verschleißmessungen beim Drehen mit aktivierten Hartmetallwerkzeugen

Heft 113:
Prof. Dr. O. Graf, Dortmund
Erforschung der geistigen Ermüdung und nervösen Belastung: Studien über die vegetative 24-Stunden-Rhythmik in Ruhe und unter Belastung

Heft 114:
Prof. Dr. O. Graf, Dortmund
Studien über Fließarbeitsprobleme an einer praxisnahen Experimentieranlage

Heft 115:
Prof. Dr. O. Graf, Dortmund
Studium über Arbeitspausen in Betrieben bei freier und zeitgebundener Arbeit (Fließarbeit) und ihre Auswirkung auf die Leistungsfähigkeit

Heft 116:
Prof. Dr.-Ing. E. Siebel und Dr.-Ing. H. Weiss, Stuttgart
Untersuchungen an einigen Problemen des Tiefziehens — I. Teil

Heft 117:
Dr.-Ing. H. Beißwänger, Stuttgart, und Dr.-Ing. S. Schwandt, Trier
Untersuchungen an einigen Problemen des Tiefziehens — II. Teil

Heft 118:
Prof. Dr. E. A. Müller und Dr. H. G. Wenzel, Dortmund
Neuartige Klima-Anlage zur Erzeugung ungleicher Luft- und Strahlungstemperaturen in einem Versuchsraum

Heft 119:
Dr.-Ing. O. Viertel, Krefeld
Wäscherei- und energietechnische Untersuchung einer Gemeinschafts-Waschanlage

Heft 120:
Dipl.-Ing. Weisbecker, Lüdenscheid
Über Anfressung an Reinstaluminium-Schweißnähten bei der elektrolytischen Oxydation
Gebr. Hörstermann GmbH., Velbert
Entwicklung und Erprobung eines neuartigen Gummibandförderers

Heft 121:
Dr. H. Krebs, Bonn
I. Die Struktur und die Eigenschaften der Halbmetalle
II. Die Bestimmung der Atomverteilung in amorphen Substanzen
III. Die chemische Bindung in anorganischen Festkörpern und das Entstehen metallischer Eigenschaften

Heft 122:
Prof. Dr. W. Fuchs, Aachen
Untersuchungen zur Verbesserung der Wasseraufbereitung und Wasseranalyse:
Über die Schnellbewertung von Ionenaustauscher

Heft 123:
Dipl.-Ing. J. Emondts, Aachen
Über Bodenverformungen bei stark gestörtem und mächtigem, wasserführendem Deckgebirge im Aachener Steinkohlengebiet

Heft 124:
Prof. Dr. R. Seyffert, Köln
Wege und Kosten der Distribution der Hausratwaren im Lande Nordrhein-Westfalen

Heft 125:
Prof. Dr. E. Kappler, Münster
Eine neue Methode zur Bestimmung von Kondensations-Koeffizienten von Wasser

Heft 126:
Prof. Dr.-Ing. J. Mathieu, Aachen
Arbeitszeitvergleich
Grundlagen, Methodik und praktische Durchführung

Heft 127:
Güteschutz Betonstein e. V.,
Arbeitskreis Nordrhein-Westfalen, Dortmund
Die Betonwaren-Gütesicherung im Lande Nordrhein-Westfalen

Heft 128:
Prof. Dr. O. Schmitz-DuMont, Bonn
Untersuchungen über Reaktionen in flüssigem Ammoniak

Heft 129:
Prof. Dr.-Ing. J. Mathieu und Dr. C. A. Roos, Aachen
Die Anlernung von Industriearbeitern
I. Ergebnisse einer grundsätzlichen Untersuchung der gegenwärtigen Industriearbeiter-Kurzanlernung

Heft 130:
Prof.-Dr.-Ing. J. Mathieu und Dr. C. A. Roos, Aachen
Die Anlernung von Industriearbeitern
II. Beiträge zur Methodenfrage der Kurzanlernung

Heft 131:
Dr. W. Hoerburger, Köln
Versuche zur Biosynthese von Eiweiß aus Kohlenwasserstoff

Heft 132:
Prof. Dr. W. Seith, Münster
Über Diffusionserscheinungen in festen Metallen

Heft 133:
Prof. Dr. E. Jenckel, Aachen
Über einen für Schwermetalle selektiven Ionenaustauscher

Heft 134:
Prof. Dr.-Ing. H. Winterhager, Aachen
Über die elektrochemischen Grundlagen der Schmelzfluß-Elektrolyse von Bleisulfid in geschmolzenen Mischungen mit Bleichlorid

Heft 135:
Prof. Dr.-Ing. K. Krekeler und Dr.-Ing. H. Peukert, Aachen
Die Änderung der mechanischen Eigenschaften thermoplastischer Kunststoffe durch Warmrecken

Heft 136:
Dipl.-Phys. P. Pilz, Remscheid
Über spezielle Probleme der Zerkleinerungstechnik von Weichstoffen

Heft 137:
Prof. Dr. W. Baumeister, Münster
Beiträge zur Mineralstoffernährung der Pflanzen

Heft 138:
Dr. P. Hölemann und Ing. R. Hasselmann, Dortmund
Untersuchungen über die Zersetzungswärme von gasförmigem und in Azeton gelöstem Azetylen

Heft 139:
Prof. Dr. W. Fuchs, Aachen
Studien über die thermische Zersetzung der Kohle und die Kohlendestillatprodukte

Heft 140:
Dr.-Ing. G. Hausberg, Essen
Modellversuche an Zyklonen

Heft 141:
Dr. J. van Calker und Dr. R. Wienecke, Münster
Untersuchungen über den Einfluß dritter Analysenpartner auf die spektrochemische Analyse

Heft 142:
Dipl.-Ing. G. M. F. Wiebel, Hannover, A. Konermann und A. Ottenheym, Sennelager
Entwicklung eines Kalksandleichtsteines

Heft 143:
Prof. Dr. F. Wever, Dr. A. Rose und Dipl.-Ing. W. Straßburg, Düsseldorf
Härtbarkeit und Umwandlungsverhalten der Stähle

Heft 144:
Prof. Dr. H. Wurmbach, Bonn
Steuerung von Wachstum und Formbildung

Heft 145:
Dr. G. Hennemann, Werdohl (Westf.)
Beitrag zur Interpretation der modernen Atomphysik

Heft 146:
Dr.-Ing. F. Gruß, Düsseldorf
Sterilisation mit Heißluft

Heft 147:
Dr.-Ing. W. Rudisch, Unna
Untersuchung einer drehelastischen Elektromagnet-Synchronkupplung

Heft 148:
Prof. Dr. H. Bittel und Dipl.-Phys. L. Storm, Münster
Untersuchungen über Widerstandsrauschen

Heft 149:
Dipl.-Ing. K. Konopicky und Dipl.-Chem. P. Kampa, Bonn
I. Beitrag zur flammenphotometrischen Bestimmung des Calciums
Dr.-Ing. K. Konopicky, Bonn
II. Die Wanderung von Schlackenbestandteilen in feuerfesten Baustoffen

Heft 150:
Prof. Dr.-Ing. O. Kienzle und Dipl.-Ing. W. Timmerbeil, Hannover
Das Durchziehen enger Kragen an ebenen Fein- und Mittelblechen

Heft 151:
Dipl.-Ing. P. Karabasch, Aachen
Feststellung des optimalen Gasgehaltes von Bronzen zur Erzielung druckdichter Gußstücke

Heft 152:
Dipl.-Ing. G. Müller, Köln
Ermittlung der Laufeigenschaften (Vergießbarkeit) von Bronze und Rotguß mittels der Schneider-Gießspirale

Heft 153:
Prof. Dr. F. Wever, Dr.-Ing. W. A. Fischer und
Dipl.-Ing. J. Engelbrecht, Düsseldorf
I. Die Reduktion sauerstoffhaltiger Eisenschmelzen im Hochvakuum mit Wasserstoff und Kohlenstoff
II. Einfluß geringer Sauerstoffgehalte auf das Gefüge und Alterungsverhalten von Reineisen

Heft 154:
Prof. Dr.-Ing. P. Bardenheuer und Dr.-Ing. W. A. Fischer, Düsseldorf
Die Verschlackung von Titan aus Stahlschmelzen im sauren und basischen Hochfrequenzofen unter verschiedenen Schlacken

Heft 155:
Dipl.-Phys. K. H. Schirmer, München
Die auf Grau abgestimmte Farbwiedergabe im Dreifarbenbuchdruck

Heft 156:
Prof. Dr.-Ing. B. von Borries und Mitarbeiter, Düsseldorf
Die Entwicklung regelbarer permanentmagnetischer Elektronenlinsen hoher Brechkraft und eines mit ihnen ausgerüsteten Elektronenmikroskopes neuer Bauart

Heft 157:
Dr. W. Jawtusch, Dr. G. Schuster und Prof. Dr.-Ing. R. Jaeckel, Bonn
Untersuchungen über die Stoßvorgänge zwischen neutralen Atomen und Molekülen

Heft 158:
Dipl.-Ing. W. Rosenkranz, Meinerzhagen
Ein Beitrag zum Problem der Spannungskorrosion bei Preßprofilen und Preßteilen aus Aluminium-Legierungen

Heft 159:
Dr.-Ing. O. Viertel und O. Oldenroth, Krefeld
Das Bleichen von Weißwäsche mit Wasserstoffsuperoxyd bzw. Natriumhypochlorit beim maschinellen Waschen

Heft 160:
Prof. Dr. W. Klemm, Münster
Über neue Sauerstoff- und Fluor-haltige Komplexe

Heft 161:
Prof. Dr. W. Weltzien und Dr. G. Hauschild, Krefeld
Über Silikone und ihre Anwendung in der Textilveredlung

Heft 162:
Prof. Dr. F. Wever, Prof. Dr. A. Knochendörfer und
Dr.-Ing. Chr. Rohrbach, Düsseldorf
Kennzeichnung der Sprödbruchneigung von Stählen durch Messung der Fließspannung, Reißspannung und Brucheinschnürung an dreiachsig beanspruchten Proben

Heft 163:
Dipl.-Ing. W. Rohs und Text.-Ing. H. Griese, Bielefeld
Untersuchungsarbeiten zur Verbesserung des Leinenwebstuhles III

Heft 164:
Dr.-Ing. H. Schmachtenberg, Köln
Neuartige Prüfeinrichtungen für Kraftfahrzeuge

Heft 165:
Dr.-Ing. W. Wilhelm, Aachen
Instationäre Gasströmung im Auspuffsystem eines Zweitaktmotors

Heft 166:
Prof. Dr. M. von Stackelberg, Dr. H. Heindze, Dr. H. Hübschke und Dr. K. H. Frangen, Bonn
Kolloidchemische Untersuchungen

Heft 167:
Prof. Dr.-Ing. F. Schuster, Essen
I. Über die Heißkarburierung von Brenngasen mit Ölen und Teeren
II. Die Strahlungsvorgänge in brennstoffbeheizten Öfen bei verschiedenen Verbrennungsatmosphären

Heft 168:
Prof. Dr.-Ing. F. Schuster, Essen
I. Luftvorwärmung an Gasfeuerungen
II. Heizwerthöhe von Brenngasen und Wirkungsgrad sowie Gasverbrauch bei der Gasverwendung
III. Sauerstoffangereicherte Luft und feuerungstechnische Kenngrößen von Brenngasen

Heft 169:
Forschungsinstitut für Pigmente und Lacke, Stuttgart
Arbeiten über die Bestimmung des Gebrauchswertes von Lackfilmen durch physikalische Prüfungen

Heft 170:
Prof. Dr. F. Wever, Dr. A. Rose und Dipl.-Ing. L. Rademacher, Düsseldorf
Anwendung der Umwandlungsschaubilder auf Fragen der Werkstoffauswahl beim Schweißen und Flammhärten

Heft 171:
Wäschereiforschung, Krefeld
Untersuchung der Wäscheentwässerung mit Hilfe von Zentrifugen und Pressen

Heft 172:
Dipl.-Ing. W. Rohs, Dr.-Ing. G. Satlow und Text.-Ing. G. Heller, Bielefeld
Trocknung von Hanfgarnen. Kreuzspultrocknung

Heft 173:
Prof. Dr. W. Kast, Krefeld, Prof. Dr. R. Hosemann und
Dipl.-Phys. G. Schoknecht, Berlin
Lichtoptische Herstellung und Diskussion der Faltungsquadrate parakristalliner Gitter

Heft 174:
Prof. Dr. W. von Fragstein, Dr. J. Meingast und H. Hoch, Köln
Herstellung von Solen einheitlicher Teilchengröße und Ermittlung ihrer optischen Eigenschaften

Heft 175:
Dr.-Ing. H. Zeller, Aachen
Beitrag zur eindimensionalen stationären und nichtstationären Gasströmung mit Reibung und Wärmeleitung insbesondere in Rohren mit unstetigen Querschnittsänderungen

Heft 176:
Dipl.-Ing. H. Schöberl, Duisburg
Über die Methoden zur Ermittlung der Verbrennungstemperatur von Brennstoffen und ein Vorschlag zu ihrer Verbesserung

Heft 177:
Dipl.-Ing. H. Stüdemann, Solingen, und Dr.-Ing. W. Müchler, Essen
Entwicklung eines Verfahrens zur zahlenmäßigen Bestimmung der Schneideigenschaften von Messerklingen

Heft 178:
Prof. Dr. M. von Stackelberg und Dr. W. Hans, Bonn
Untersuchungen zur Ausarbeitung und Verbesserung von polarographischen Analysenmethoden

Heft 179:
Dipl.-Ing. H. F. Reineke, Bochum
Entwicklungsarbeiten auf dem Gebiete der Meß- und Regeltechnik

Heft 180:
Dr.-Ing. W. Piepenburg, Dipl.-Ing. B. Bühling und Bauing. J. Behnke, Köln
Putzarbeiten im Hochbau und Versuche mit aktiviertem Mörtel und mechanischem Mörtelauftrag

Heft 181:
Prof. Dr. W. Franz, Münster
Theorie der elektrischen Leitvorgänge in Halbleitern und isolierenden Festkörpern bei hohen elektrischen Feldern

Heft 182:
Dr.-Ing. P. Schenk und Dr. K. Osterloh, Düsseldorf
Katalytisch-thermische Spaltung von gasförmigen und flüssigen Kohlenwasserstoffen zur Spitzengaserzeugung

Heft 183:
Dr. W. Bornheim, Köln
Entwicklungsarbeiten an Flaschen- und Ampullen-Behandlungsmaschinen für die pharmazeutische Industrie

Heft 184:
Dr.-Ing. E. Printz, Kettwig
Vollhydraulische Parallel-Kupplung für Ackerschlepper

Heft 185:
Dipl.-Ing. W. Rohs und Text.-Ing. G. Heller, Bielefeld
Studien an einem neuzeitlichen Kreuzspultrockner für Bastfasergarne mit Wiederbefeuchtungszone

Heft 186:
Dr. E. Wedekind, Krefeld
Untersuchungen zur Arbeitsbestgestaltung bei der Fertigstellung von Oberhemden in gewerblichen Wäschereien

Heft 187:
Dipl.-Ing. F. Göttgens, Essen
Über die Eigenarten der Bimetall-, Thermo- und Flammenionisationssicherungsmethode in ihrer Anwendung auf Zündsicherungen

Heft 188:
W. Kinnebrock, Langenberg
Der Einfluß des Austausches gleicher Gaskochbrenner bzw. Gaskochbrennerteile auf den Wirkungsgrad und insbesondere auf den CO-Gehalt der Verbrennungsgase

Heft 189:
Fa. E. Leybold's Nachfolger, Köln
I. Ausgewählte Kapitel aus der Vakuumtechnik
II. Zum Verlust anorganisch-nichtflüchtiger Substanzen während der Gefriertrocknung

Heft 190:
Prof. Dr. A. Neuhaus, Prof. Dr. O. Schmitz-DuMont und Dipl.-Chem. H. Reckhard, Bonn
Zur Kenntnis der Alkalititanate

Heft 191:
Dr.-Ing. H. Söhngen, Darmstadt
Schwingungsverhalten eines Schaufelkranzes im Vakuum

Heft 192:
Dipl.-Phys. E. M. Schneider, München
Kohlebogenlampen für Aufnahme und Kopie

Heft 193:
Prof. Dr. O. Schmitz-DuMont, Bonn
Untersuchungen über neue Pigmentfarbstoffe

Heft 194:
Dr. K. Hecht, Köln
Entwicklung neuartiger physikalischer Unterrichtsgeräte

Heft 195:
Dr.-Ing. E. Rößger, Köln
Gedanken über einen neuen deutschen Luftverkehr

Heft 196:
Dipl.-Ing. W. Rohs und Text.-Ing. H. Griese, Bielefeld
Auswirkungen von Garnfehlern bei der Verarbeitung von Leinengarnen

Heft 197:
Dr. E. Wedekind, Krefeld
Untersuchungen zur Bestimmung der optimalen Arbeitsplatzgröße bei Mehrstuhlarbeit in der Weberei

Heft 198:
Prof. Dr. J. Weissinger, Karlsruhe
Zur Aerodynamik des Ringflügels. Die Druckverteilung dünner, fast drehsymmetrischer Flügel in Unterschallströmung

VERÖFFENTLICHUNGEN DER ARBEITSGEMEINSCHAFT FÜR FORSCHUNG DES LANDES NORDRHEIN-WESTFALEN

Naturwissenschaften

Heft 1:
Prof. Dr.-Ing. F. Seewald, Aachen
Neue Entwicklungen auf dem Gebiet der Antriebsmaschinen
Prof. Dr.-Ing. F. A. F. Schmidt, Aachen
Technischer Stand und Zukunftsaussichten der Verbrennungsmaschinen, insbesondere der Gasturbinen
Dr.-Ing. R. Friedrich, Mülheim (Ruhr)
Möglichkeiten und Voraussetzungen der industriellen Verwertung der Gasturbine

Heft 2:
Prof. Dr.-Ing. W. Riezler, Bonn
Probleme der Kernphysik
Prof. Dr. Micheel, Münster
Isotope als Forschungsmittel in der Chemie und Biochemie

Heft 3:
Prof. Dr. E. Lehnartz, Münster
Der Chemismus der Muskelmaschine
Prof. Dr. G. Lehmann, Dortmund
Physiologische Forschung als Voraussetzung der Bestgestaltung der menschlichen Arbeit
Prof. Dr. H. Kraut, Dortmund
Ernährung und Leistungsfähigkeit

Heft 4:
Prof. Dr. F. Wever, Düsseldorf
Aufgaben der Eisenforschung
Prof. Dr.-Ing. H. Schenck, Aachen
Entwicklungslinien des deutschen Eisenhüttenwesens
Prof. Dr.-Ing. M. Haas, Aachen
Wirtschaftliche Bedeutung der Leichtmetalle und ihre Entwicklungsmöglichkeiten

Heft 5:
Prof. Dr. W. Kikuth, Düsseldorf
Virusforschung
Prof. Dr. R. Danneel, Bonn
Fortschritte der Krebsforschung
Prof. Dr. W. Schulemann, Bonn
Wirtschaftliche und organisatorische Gesichtspunkte für die Verbesserung unserer Hochschulforschung

Heft 6:
Prof. Dr. W. Weizel, Bonn
Die gegenwärtige Situation der Grundlagenforschung in der Physik
Prof. Dr. S. Strugger, Münster
Das Duplikantenproblem in der Biologie
Direktor Dr. F. Gummert, Essen
Überlegungen zu den Faktoren Raum und Zeit im biologischen Geschehen und Möglichkeiten einer Nutzanwendung

Heft 7:
Prof. Dr.-Ing. A. Götte, Aachen
Steinkohle als Rohstoff und Energiequelle
Prof. Dr. Dr. E. h. K. Ziegler, Mülheim/Ruhr
Über Arbeiten des Max-Planck-Institutes für Kohlenforschung

Heft 8:
Prof. Dr.-Ing. W. Fucks, Aachen
Die Naturwissenschaft, die Technik und der Mensch
Prof. Dr. W. Hoffmann, Münster
Wirtschaftliche und soziologische Probleme des technischen Fortschritts

Heft 9:
Prof. Dr.-Ing. F. Bollenrath, Aachen
Zur Entwicklung warmfester Werkstoffe
Prof. Dr. H. Kaiser, Dortmund
Stand spektralanalytischer Prüfverfahren und Folgerung für deutsche Verhältnisse

Heft 10:
Prof. Dr. H. Braun, Bonn
Möglichkeiten und Grenzen der Resistenzzüchtung
Prof. Dr.-Ing. C. H. Dencker, Bonn
Der Weg der Landwirtschaft von der Energieautarkie zur Fremdenergie

Heft 11:
Prof. Dr.-Ing. H. Opitz, Aachen
Entwicklungslinien der Fertigungstechnik in der Metallbearbeitung
Prof. Dr.-Ing. K. Krekeler, Aachen
Stand und Aussichten der schweißtechnischen Fertigungsverfahren

Heft 12:
Dr. H. Rathert, Wuppertal-Elberfeld
Entwicklung auf dem Gebiet der Chemiefaser-Herstellung
Prof. Dr. W. Weltzien, Krefeld
Rohstoff und Veredlung in der Textilwirtschaft

Heft 13:
Dr.-Ing. E. h. K. Herz, Frankfurt a. M.
Die technischen Entwicklungstendenzen im elektrischen Nachrichtenwesen
Staatssekretär Prof. L. Brandt, Düsseldorf
Navigation und Luftsicherung

Heft 14:
Prof. Dr. B. Helferich, Bonn
Stand der Enzymchemie und ihre Bedeutung
Prof. Dr. H. W. Knipping, Köln
Ausschnitt aus der klinischen Carcinomforschung am Beispiel des Lungenkrebses

Heft 15:
Prof. Dr. A. Esau, Aachen
Ortung mit elektrischen und Ultraschallwellen in Technik und Natur
Prof. Dr.-Ing. E. Flegler, Aachen
Die ferromagnetischen Werkstoffe der Elektrotechnik und ihre neueste Entwicklung

Heft 16:
Prof. Dr. R. Seyffert, Köln
Die Problematik der Distribution
Prof. Dr. Theodor Beste, Köln
Der Leistungslohn

Heft 17:
Prof. Dr.-Ing. Seewald, Aachen
Luftfahrtforschung in Deutschland und ihre Bedeutung für die allgemeine Technik
Prof. Dr.-Ing. E. Houdremont, Essen
Art und Organisation der Forschung in einem Industrieforschungsinstitut der Eisenindustrie

Heft 18:
Prof. Dr. W. Schulemann, Bonn
Theorie und Praxis pharmakologischer Forschung
Prof. Dr. W. Groth, Bonn
Technische Verfahren zur Isotopentrennung

Heft 19:
Dipl.-Ing. K. Traenckner, Essen
Entwicklungstendenzen der Gaserzeugung

Heft 20:
M. Zvegintzow, London
Wissenschaftliche Forschung und die Auswertung ihrer Ergebnisse
Ziel u. Tätigkeit der National Research Development Corporation
Dr. A. King, London
Wissenschaft und internationale Beziehungen

Heft 21:
Prof. Dr. R. Schwarz, Aachen
Wesen und Bedeutung der Silicium-Chemie
Prof. Dr. Dr. h. c. K. Alder, Köln
Fortschritte in der Synthese von Kohlenstoffverbindungen

Heft 21 a
Prof. Dr. Dr. h. c. O. Hahn, Göttingen
Die Bedeutung der Grundlagenforschung für die Wirtschaft
Prof. Dr. S. Strugger, Münster
Die Erforschung des Wasser- und Nährsalztransportes im Pflanzenkörper mit Hilfe der fluoreszenzmikroskopischen Kinematographie

Heft 22:
Prof. Dr. J. von Allesch, Göttingen
Die Bedeutung der Psychologie im öffentlichen Leben
Prof. Dr. O. Graf, Dortmund
Triebfedern menschlicher Leistung

Heft 23:
Prof. Dr. Dr. h. c. B. Kuske, Köln
Zur Problematik der wirtschaftswissenschaftlichen Raumforschung
Prof. Dr. Dr.-Ing. E. h. St. Prager, Düsseldorf
Städtebau und Landesplanung

Heft 24:
Prof. Dr. R. Danneel, Bonn
Über die Wirkungsweise der Erbfaktoren
Prof. Dr. K. Herzog, Krefeld
Bewegungsbedarf der menschlichen Gliedmaßengelenke bei der Berufsarbeit

Heft 25:
Prof. Dr. O. Haxel, Heidelberg
Energiegewinnung aus Kernprozessen
Dr.-Ing. Dr. M. Wolf, Düsseldorf
Gegenwartsprobleme der energiewirtschaftlichen Forschung

Heft 26:
Prof. Dr. F. Becker, Bonn
Ultrakurzwellenstrahlung aus dem Weltraum
Dr. H. Straßl, Bonn
Bemerkenswerte Doppelsterne und das Problem der Sternentwicklung

Heft 27:
Prof. Dr. H. Behnke, Münster
Der Strukturwandel der Mathematik in der ersten Hälfte des 20. Jahrhunderts
Prof. Dr. E. Sperner, Hamburg
Eine mathematische Analyse der Luftdruckverteilung in großen Gebieten

Heft 28:
Prof. Dr. O. Niemczyk, Aachen
Die Problematik gebirgsmechanischer Vorgänge im Steinkohlenbergbau
Prof. Dr. W. Ahrens, Krefeld
Die Bedeutung geologischer Forschung für die Wirtschaft besonders in Nordrhein-Westfalen

Heft 29:
Prof. Dr. B. Rensch, Münster
Das Problem der Residuen bei Lernleistungen
Prof. Dr. H. Fink, Köln
Über Leberschäden bei der Bestimmung des biologischen Wertes verschiedener Eiweiße von Mikroorganismen

Heft 30:
Prof. Dr.-Ing. F. Seewald, Aachen
Forschungen auf dem Gebiete der Aerodynamik
Prof. Dr.-Ing. K. Leist, Aachen
Forschungen in der Gasturbinentechnik

Heft 31:
Prof. Dr.-Ing. Dr. h. c. F. Mietzsch, Wuppertal
Chemie und wirtschaftliche Bedeutung der Sulfonamide
Prof. Dr. Dr. h. c. G. Domagk, Wuppertal
Die experimentellen Grundlagen der bakteriellen Infektionen

Heft 32:
Prof. Dr. H. Braun, Bonn
Die Verschleppung von Pflanzenkrankheiten und -schädlingen über die Welt
Prof. Dr. W. Rudorf, Voldagsen
Der Beitrag von Genetik und Züchtung zur Bekämpfung von Viruskrankheiten der Nutzpflanzen

Heft 33:
Prof. Dr.-Ing. V. Aschoff, Aachen
Probleme der elektroakustischen Einkanalübertragung
Prof. Dr.-Ing. H. Döring, Aachen
Erzeugung und Verstärkung von Mikrowellen

Heft 34:
Geheimrat Prof. Dr. Dr. R. Schenck, Aachen
Bedingungen und Gang der Kohlenhydratsynthese im Licht
Prof. Dr. E. Lehnartz, Münster
Die Endstufen des Stoffabbaues im Organismus

Heft 35:
Prof. Dr.-Ing. H. Schenck, Aachen
Gegenwartsprobleme der Eisenindustrie in Deutschland
Prof. Dr.-Ing. Piwowarsky †, Aachen
Gelöste und ungelöste Probleme im Gießereiwesen

Heft 36:
Prof. Dr. W. Riezler, Bonn
Teilchenbeschleuniger
Prof. Dr. G. Schubert, Hamburg
Anwendung neuer Strahlenquellen in der Krebstherapie

Heft 37:
Prof. Dr. F. Lotze, Münster
Probleme der Gebirgsbildung
Bergwerksdirektor Bergassessor a. D. Rauschenbach, Essen
Die Erhaltung der Förderungskapazität des Ruhrbergbaues auf lange Sicht

Heft 38:
Dr. E. C. Cherry, London
Kybernetik
Prof. Dr. E. Pietsch, Clausthal-Zellerfeld
Dokumentation und mechanisches Gedächtnis — zur Frage der Ökonomie der geistigen Arbeit

Heft 39:
Dr. H. Haase, Hamburg
Infrarot und seine technischen Anwendungen
Prof. Dr. A. Esau, Aachen
Die Bedeutung des Ultraschalls für technische Anwendungsgebiete

Heft 40:
Bergassessor F. Lange, Bochum-Hordel
Die wirtschaftliche und soziale Bedeutung der Silikose im Bergbau
Prof. Dr. W. Kikuth, Düsseldorf
Die Entstehung der Silikose und ihre Verhütungsmaßnahmen

Heft 40a:
Prof. Dr. E. Gross, Bonn
Berufskrebs und Krebsforschung
Prof. Dr. H. W. Knipping, Köln
Die Situation der Krebsforschung vom Standpunkt der Klinik

Heft 41:
Dr.-Ing. G. V. Lachmann, Teddington
An einer neuen Entwicklungsschwelle im Flugzeugbau
Dr. A. Gerber, Zürich
Stand der Entwicklung der Raketen- und Lenktechnik

Heft 42:
Prof. Dr. T. Kraus, Köln
Lokalisationsphänomene und Raumordnung vom Standpunkt der geographischen Wissenschaft
Direktor Dr. F. Gummert, Essen
Vom Ernährungsversuchsfeld der Kohlenstoffbiologischen Forschungsstation Essen (Ein 6 Jahre lang durchgeführter Versuch, einen Menschen aus dem Ertrag von 1250 qm zu ernähren)

Heft 42a:
Prof. Dr. Dr. h. c. G. Domagk, Wuppertal
Fortschritte auf dem Gebiet der experimentellen Krebsforschung

Heft 43:
Prof. G. Lampariello, Rom
Über Leben und Werk von Heinrich Hertz
Prof. Dr. W. Weizel, Bonn
Über das Problem der Kausalität in der Physik

Heft 43a:
Prof. Dr. J. Mª Albareda, Madrid
Die Entwicklung der Forschung in Spanien

Heft 44:
Prof. Dr. B. Helferich, Bonn
Über Glykose
Prof. Dr. F. Micheel, Münster
Kohlenhydrat-Eiweiß-Verbindungen und ihre bio-chemische Bedeutung

Heft 45:
Prof. Dr. J. von Neumann, Princeton/USA
Entwicklung und Ausnutzung neuerer mathematischer Maschinen
Prof. Dr. E. Stiefel, Zürich
Rechenautomaten im Dienste der Technik mit Beispielen aus dem Züricher Institut für angewandte Mathematik

Heft 46:
Prof. Dr. W. Weltzien, Krefeld
Ausblick auf die Entwicklung synthetischer Fasern
Prof. Dr. W. Hoffmann, Münster
Wachstumsformen der Industriewirtschaft

Heft 47:
Staatssekretär Prof. L. Brandt, Düsseldorf
Die praktische Förderung der Forschung in Nordrhein-Westfalen
Prof. Dr. L. Raiser, Bad Godesberg
Die Förderung der angewandten Forschung durch die Deutsche Forschungsgemeinschaft

Heft 48:
Dr. H. Tromp, Rom
Bestandsaufnahme der Wälder der Welt als internationale und wissenschaftliche Aufgabe
Prof. Dr. F. Heske, Schloß Reinbek
Die Wohlfahrtswirkungen des Waldes als internationales Problem

Heft 49:
Präsident Dr. G. Böhnecke, Hamburg
Zeitfragen der Ozeanographie
Reg.-Direktor Dr. H. Gabler, Hamburg
Nautische Technik und Schiffssicherheit

Heft 50:
Prof. Dr.-Ing. F. A. F. Schmidt, Aachen
Probleme der Selbstentzündung und Verbrennung bei der Entwicklung der Hochleistungskraftmaschinen
Prof. Dr.-Ing. A. W. Quick, Aachen
Ein Verfahren zur Untersuchung des Austauschvorganges in verwirbelten Strömungen hinter Körpern mit abgelöster Strömung

Heft 51:
Prof. Dr. S. Strugger, Münster
Struktur, Entwicklungsgeschichte und Physiologie der Chloroplasten
Direktor Dr. J. Pätzold, Erlangen
Therapeutische Anwendung mechanischer und elektrischer Energie

VERÖFFENTLICHUNGEN DER ARBEITSGEMEINSCHAFT FÜR FORSCHUNG DES LANDES NORDRHEIN-WESTFALEN

Geisteswissenschaften

Heft 1:
Prof. Dr. W. Richter, Bonn
Die Bedeutung der Geisteswissenschaften für die Bildung unserer Zeit
Prof. Dr. J. Ritter, Münster
Die aristotelische Lehre vom Ursprung und Sinn der Theorie

Heft 2:
Prof. Dr. J. Kroll, Köln
Elysium
Prof. Dr. G. Jachmann, Köln
Die vierte Ekloge Vergils

Heft 3:
Prof. Dr. H. Stier, Münster
Die klassische Demokratie

Heft 4:
Prof. Dr. W. Caskel, Köln
Lihyan und Lihyanisch, Sprache und Kultur eines frütarabischen Königreiches

Heft 5:
Prof. Dr. T. Ohm, Münster
Stammesreligionen im südlichen Tanganyika-Territorium

Heft 6:
Prälat Prof. Dr. Dr. h. c. G. Schreiber, Münster
Deutsche Wissenschaftspolitik von Bismarck bis zum Atomwissenschaftler Otto Hahn

Heft 7:
Prof. Dr. W. Holtzmann, Bonn
Das mittelalterliche Imperium und die werdenden Nationen

Heft 8:
Prof. Dr. W. Caskel, Köln
Die Bedeutung der Beduinen in der Geschichte der Araber

Heft 9:
Prälat Prof. Dr. Dr. h. c. G. Schreiber, Münster
Iroschottische Motive im abendländischen Sakralraum

Heft 10:
Prof. Dr. P. Rassow
Forschungen zur Reichsidee im 16. und 17. Jahrhundert

Heft 11:
Prof. Dr. H. E. Stier, Münster
Roms Aufstieg zur Weltherrschaft

Heft 12:
Prof. D. K. Rengstorf, Münster
Mann und Frau im Urchristentum
Prof. Dr. H. Conrad, Bonn
Grundprobleme einer Reform des Familienrechts

Heft 13:
Prof. Dr. M. Braubach, Bonn
Der Weg zum 20. Juli 1944 — Ein Forschungsbericht

Heft 14:
Prof. Dr. P. Hübinger, Münster
Das deutsch-französische Verhältnis und seine mittelalterlichen Grundlagen

Heft 15:
Prof. Dr. F. Steinbach, Bonn
Der geschichtliche Weg des wirtschaftenden Menschen in die soziale Freiheit und politische Verantwortung

Heft 16:
Prof. Dr. J. Koch, Köln
Die Ars coniecturalis des Nikolaus von Cues

Heft 17:
Prof. Dr. J. Conant, US-Hochkommissar für Deutschland
Staatsbürger und Wissenschaftler
Prof. D. K. H. Rengstorf, Münster
Antike und Christentum

Heft 18:
Prof. Dr. R. Alewyn, Köln
Klopstocks Publikum

Heft 19:
Prof. Dr. F. Schalk, Köln
Das Lächerliche in der französischen Literatur des Ancien Régime

Heft 20:
Prof. Dr. L. Raiser, Bad Godesberg
Rechtsfragen der Mitbestimmung

Heft 21:
Prof. D. M. Noth, Bonn
Das Geschichtsverständnis der alttestamentlichen Apokalyptik

Heft 22:
Prof. Dr. W. F. Schirmer, Bonn
Glück und Ende des Königs in Shakespeares Historien

Heft 23:
Prof. Dr. G. Jachmann, Köln
Der homerische Schiffskatalog und die Ilias

Heft 24:
Prof. Dr. T. Klauser, Bonn
Die römischen Petrustraditionen im Lichte der neuen Ausgrabungen unter der Peterskirche

Heft 25:
Prof. Dr. H. Peters, Köln
Die Gewaltentrennung in moderner Sicht

Heft 26:
Prof. Dr. F. Schalk, Köln
Calderon und die Mythologie

Heft 27:
Prof. Dr. J. Kroll, Köln
Vom Leben geflügelter Worte

Heft 28:
Prof. Dr. T. Ohm, Münster
Die Religionen in Asien

Heft 29:
Prof. Dr. L. Weisgerber, Bonn
Die Ordnung der Sprache im persönlichen und öffentlichen Leben

Heft 30:
Prof. Dr. W. Caskel, Köln
Entdeckungen in Arabien

Heft 31:
Prof. Dr. M. Braubach, Bonn
Entstehung und Entwicklung der landesgeschichtlichen Bestrebungen und historischen Vereine im Rheinland

Heft 32:
Prof. Dr. F. Schalk, Köln
Somnium und verwandte Wörter in den romanischen Sprachen

Heft 33:
Prof. Dr. F. Dessauer, Frankfurt a. M.
Erbe und Zukunft des Abendlandes

Heft 34:
Prof. Dr. T. Ohm, Münster
Ruhe und Frömmigkeit

Heft 35:
Prof. Dr. H. Conrad, Bonn
Die mittelalterliche Besiedlung des deutschen Ostens und das deutsche Recht

Heft 36:
Prof. Dr. H. Sckommodau, Köln
Die religiösen Dichtungen Margaretes von Navarra

Heft 37:
Prof. Dr. H. von Einem, Bonn
Der Kopf mit der Binde des Meisters von Naumburg

Heft 38:
Prof. Dr. J. Höffner, Münster
Statik und Dynamik in der scholastischen Wirtschaftsethik

Heft 39:
Prof. Dr. F. Schalk, Köln
Diderots Essai über Claudius und Nero

Heft 40:
Prof. Dr. G. Kegel, Köln
Probleme des internationalen Enteignungs- und Währungsrechts

Heft 41:
Prof. Dr. L. Weisgerber, Bonn
Die Grenzen der Schrift

Heft 42:
Prof. Dr. R. Alewyn, Köln
Von der Empfindsamkeit zur Romantik

Heft 43:
Prof. Dr. T. Schieder, Köln
Die Probleme des Rapallo-Vertrages 1922

Heft 44:
Prof. Dr. A. Rumpf, Köln
Stilphasen der spätantiken Kunst

MIX
Papier aus verantwortungsvollen Quellen
Paper from responsible sources
FSC® C105338

If you have any concerns about our products,
you can contact us on
ProductSafety@springernature.com

In case Publisher is established outside the EU,
the EU authorized representative is:
**Springer Nature Customer Service Center GmbH
Europaplatz 3, 69115 Heidelberg, Germany**

Printed by Libri Plureos GmbH
in Hamburg, Germany